工程施工与质量简明手册丛书

安装工程

卓 军　顾 靖◎主编

中国建材工业出版社

图书在版编目（CIP）数据

安装工程 / 卓军，顾靖主编. ——北京：中国建材
工业出版社，2017.11

（工程施工与质量简明手册丛书 / 王云江主编）

ISBN 978-7-5160-2029-6

Ⅰ. ①安… Ⅱ. ①卓… ②顾… Ⅲ. ①建筑安装－工
程施工－技术手册 Ⅳ. ①TU758-62

中国版本图书馆 CIP 数据核字（2017）第 226866 号

安装工程

卓 军 顾 靖 主编

出版发行：中国建材工业出版社

地　　址：北京市海淀区三里河路 1 号

邮　　编：100044

经　　销：全国各地新华书店

印　　刷：北京雁林吉兆印刷有限公司

开　　本：787mm×1092mm　1/32

印　　张：6.875

字　　数：160 千字

版　　次：2017 年 11 月第 1 版

印　　次：2017 年 11 月第 1 次

定　　价：38.00 元

本社网址：www.jccbs.com　　微信公众号：zgjcgycbs

本书如出现印装质量问题，由我社市场营销部负责调换。

联系电话：(010) 88386906

内　容　简　介

本书是依据现行国家和行业的施工与质量验收标准、规范，并结合安装施工与质量实践编写而成的，基本覆盖了安装工程施工的主要领域。本书旨在为安装工程施工人员提供一本简明实用、方便携带的小型工具书，便于他们在施工现场随时参考、快速解决实际问题，保证工程质量。本书包括给排水工程、建筑电气工程、通风与空调工程、消防设施工程、智能建筑工程。

本书可供安装工程施工专业技术管理人员和施工人员使用，也可供各类院校相关专业师生学习参考。

《工程施工与质量简明手册丛书》
编写委员会

《工程施工与质量简明手册丛书——安装工程》
编　委　会

前　　言

为及时有效地解决建筑施工现场的实际技术问题，我社策划出版"工程施工与质量简明手册丛书"。本丛书为系列口袋书，内容简明实用，"身形"小巧，便于携带，随时查阅，使用方便。

本系列丛书各分册分别为《建筑工程》《安装工程》《装饰工程》《市政工程》《园林工程》《公路工程》《基坑工程》《楼宇智能》《城市轨道交通（地铁）》《建筑加固》《绿色建筑》《给水工程》《城市管廊》《海绵城市》。

本丛书中的《安装工程》是依据现行国家和行业的施工与质量验收标准、规范，并结合安装工程施工与质量实践编写而成的，基本覆盖了安装工程施工的主要领域。本书旨在为安装工程的设计和施工人员提供一本简明实用、方便携带的小型工具书，便于他们在施工现场随时参考、快速解决实际问题，保证工程质量。本书包括给排水工程、建筑电气工程、通风与空调工程、消防设施工程、智能建筑工程。

对于本书中的疏漏和不当之处，敬请广大读者不吝指正。

本书由卓军、顾靖任主编。

本书在编写过程中得到了浙江环宇建设集团有限公司、浙江湖州市建工集团有限公司的大力支持，在此表示衷心的感谢！

编　者

2017.08.01

目　　录

第1章　给排水工程

1.1　室内给水系统安装施工

1.1.1　施工要点

1. 地下室或地下构筑物外墙有管道穿过的，应采取防水措施。对有严格防水要求的建筑物，必须采用柔性防水套管。

2. 给水管道不应穿越配电间。

3. 阀门安装前，应做强度和严密性试验。试验应在每批（同牌号、同型号、同规格）中抽查数量的10%，且不少于1个。对于安装在主干管上起切断作用的闭路阀门，应逐个做强度和严密性试验。

4. 阀门的强度和严密性试验，应符合以下规定：阀门的强度试验压力为公称压力的1.5倍；严密性试验压力为公称压力的1.1倍；试验压力在试验持续时间内应保持不变，且壳体填料及阀瓣密封面无渗漏。阀门试压的试验持续时间应不少于表1-1的规定。

表1-1　阀门试验持续时间

公称直径 DN (mm)	最短试验持续时间（s）		
	严密性试验		强度试验
	金属密封	非金属密封	
≤50	15	15	15

公称直径 DN (mm)	最短试验持续时间（s）		
	严密性试验		强度试验
	金属密封	非金属密封	
65～200	30	15	60
250～450	60	30	180

5. 管道上使用冲压弯头时，所使用的冲压弯头外径应与管道外径相同。

6. 明装管道成排安装时，直线部分应互相平行。曲线部分：当管道水平或垂直并行时，应与直线部分保持等距；管道水平上下并行时，弯管部分的曲率半径应一致。

7. 管道安装完成后必须按设计与规范要求进行水压试验、通水试验、冲洗、消毒等工作。

1.1.2 质量要点

1. 给水管道必须采用与管材相适应的管件。生活给水系统所涉及的材料必须达到饮水卫生标准。

2. 给水塑料管和复合管可以采用橡胶圈接口、粘结接口、热熔连接、专用管件连接及法兰连接等形式。塑料管和复合管与金属管件、阀门等的连接应使用专用管件连接，不得在塑料管上套丝。

3. 铜管连接可采用专用接头或焊接，当管径小于22mm 时宜采用承插或套管焊接，承口应迎介质流向安装；当管径大于或等于22mm 时宜采用对口焊接。

4. 给水立管和装有 3 个或 3 个以上配水点的支管始端，均应安装可拆卸的连接件。

5. 冷、热水管道同时安装应符合下列规定：

1）上、下平行安装时热水管应在冷水管上方。

2）垂直平行安装时热水管应在冷水管左侧。

6. 给水系统的金属管道立管，管卡安装应符合下列规定：

1）楼层高度小于或等于 5m，每层必须安装 1 个。

2）楼层高度大于 5m，每层安装不得少于 2 个。

3）管卡安装高度，距地面应为 1.5～1.8m，2 个以上管卡应匀称安装，同一房间管卡应安装在同一高度上。

1.1.3 质量验收

1. 主控项目

1）室内给水管道的水压试验必须符合设计要求。当设计未注明时，各种材质的给水管道系统试验压力均为工作压力的 1.5 倍，但不得小于 0.6MPa。

检验方法：金属及复合管给水管道系统在试验压力下观测 10min，压力降应不大于 0.02MPa，然后降到工作压力进行检查，应不渗不漏；塑料管给水系统应在试验压力下稳压 1h，压力降不得超过 0.05MPa，然后在工作压力的 1.15 倍状态下稳压 2h，压力降不得超过 0.03MPa，同时检查各连接处不得渗漏。

2）给水系统交付使用前必须进行通水试验并做好记录。

3）生活给水系统管道在交付使用前必须冲洗和消毒，并经有关部门取样检验，符合现行国家标准 GB 5749《生活饮用水卫生标准》的规定方可使用。

4）室内直埋给水管道（塑料管道和复合管道除外）应做防腐处理。埋地管道防腐层材质和结构应符合设计要求。

5）水泵就位前的基础混凝土强度、坐标、标高、尺寸和螺栓孔位置必须符合设计规定。

6）水泵试运转的轴承温升必须符合设备说明书的规定。

7）敞口水箱的满水试验和密闭水箱（罐）的水压试验与设计必须符合现行国家标准 GB50242《建筑给水排水及采暖工程施工质量验收规范》的规定。

检验方法：满水试验静置 24h 观察，不渗不漏；水压试验在试验压力下 10min 压力不降，不渗不漏。

2. 一般项目

1）给水引入管与排水排出管的水平净距不得小于 1m。室内给水与排水管道平行敷设时，两管间的最小水平净距不得小于 0.5m；交叉铺设时，垂直净距不得小于 0.15m。给水管应铺在排水管上面，若给水管必须铺在排水管的下面时，给水管应加套管，其长度不得小于排水管管径的 3 倍。

2）管道及管件焊接的焊缝表面质量应符合下列要求：

① 焊缝外形尺寸应符合图纸和工艺文件的规定，焊缝高度不得低于母材表面，焊缝与母材应圆滑过渡。

② 焊缝及热影响区表面应无裂纹、未熔合、未焊透、夹渣、弧坑和气孔等缺陷。

3）给水水平管道应有 2‰～5‰ 的坡度坡向泄水装置。

4）给水管道和阀门安装的允许偏差应符合表 1-2 的规定。

5）管道的支、吊架安装应平整牢固，其间距应符合表 1-3～表 1-5 的要求。

6）水箱支架或底座安装，其尺寸及位置应符合设计规定，埋设平整牢固。

7）水箱溢流管和泄放管应设置在排水地点附近，但不得与排水管直接连接。

8）立式水泵的减振装置不应采用弹簧减振器。

9）室内给水设备安装的允许偏差应符合表 1-6 规定。

表 1-2 管道和阀门安装的允许偏差和检验方法

项次	项目			允许偏差(mm)	检验方法
1	水平管道纵横方向弯曲	钢管	每米 全长 25m 以上	1 ≤25	用水平尺、直尺、拉线和尺量检查
		塑料管复合管	每米 全长 25m 以上	1.5 ≤25	
		铸铁管	每米 全长 25m 以上	2 ≤25	
2	立管垂直度	钢管	每米 5m 以上	3 ≤8	吊线和尺量检查
		塑料管复合管	每米 5m 以上	2 ≤8	
		铸铁管	每米 5m 以上	3 ≤10	
3	成排管段和成排阀门		在同一平面上间距	3	尺量检查

表 1-3 钢管管道支架的最大间距

公径直径 (mm)	15	20	25	32	40	50	70	80	100	125	150	200	250	300
支架的最大间距 (m) 保温管	2	2.5	2.5	2.5	3	3	4	4	4.5	6	7	7	8	8.5
不保温管	2.5	3	3.5	4	4.5	5	6	6	6.5	7	8	9.5	11	12

表 1-4 塑料管及复合管管道支架的最大间距

管径 (mm)	12	14	16	18	20	25	32	40	50	63	75	90	110
最大间距 (m) 立管	0.5	0.6	0.7	0.8	0.9	1.0	1.1	1.3	1.6	1.8	2.0	2.2	2.4
水平管 冷水管	0.4	0.4	0.5	0.5	0.6	0.7	0.8	0.9	1.0	1.1	1.2	1.35	1.55
热水管	0.2	0.2	0.25	0.3	0.3	0.35	0.4	0.5	0.6	0.7	0.8	—	—

表 1-5 铜管管道支架的最大间距

公径直径 (mm)	15	20	25	32	40	50	65	80	100	125	150	200
支架的最大间距 (m) 垂直管	1.8	2.4	2.4	3.0	3.0	3.0	3.5	3.5	3.5	3.5	4.0	4.0
水平管	1.2	1.8	1.8	2.4	2.4	2.4	3.0	3.0	3.0	3.0	3.5	3.5

表1-6 室内给水设备安装的允许偏差和检验方法

项次	项目			允许偏差（mm）	检验方法
1	静置设备	坐标		15	用经纬仪或拉线/尺量检查
		标高		±5	用水准仪/拉线和尺量检查
		垂直度（每米）		5	吊线和尺量检查
2	离心式水泵	立式泵体垂直度（每米）		0.1	水平尺和塞尺检查
		卧式泵体垂直度（每米）		0.1	水平尺和塞尺检查
		联轴器同心度	轴向倾斜（每米）	0.8	在联轴器互相垂直的四个位置上，用水准仪/百分表或测微螺钉和塞尺检查
			径向位移	0.1	

10）管道及设备保温层的厚度和平整度的允许偏差应符合表1-7的规定。

表1-7 管道及设备保温的厚度和平整度允许偏差和检验方法

项次	项目		允许偏差（mm）	检验方法
1	厚度		$-0.05\delta \sim +0.1\delta$	用钢针刺入
2	表面平整度	卷材	5	用2m靠尺和楔形塞尺检查
		涂抹	10	

注：δ为保温层厚度。

1.1.4 安全与环保措施

1. 施工机械应符合现行行业标准JGJ 33《建筑机械使用安全技术规程》及JGJ 46《施工现场临时用电安全技术

规范》的有关规定，施工中应定期对其进行检查、维修，保证机械使用安全。

2. 施工机械设备应按时保养、保修、检验，应选用高效节能电动机，选用噪声标准较低的施工机械、设备，对机械、设备采取必要的消声、隔振和减振措施。施工现场宜充分利用太阳能。

3. 使用电动工具时，应核对电源电压，并安装漏电保护装置，使用前必须做空载试运转。电工、起重工等特殊作业的人员，应持证上岗。施工人员应经安全技术交底和安全文明施工教育后才可进入工地施工操作，施工现场应加强安全管理，安排专职安全巡逻员。

4. 施工中油漆、保温材料、粉状材料，应封闭存放和遮盖。氧气瓶、乙炔瓶的存放要距明火 1.0m 以外，瓶身应带护圈；挪动时，不应碰撞，氧气瓶与乙炔瓶及其他燃气瓶放置间距，应大于 5.0m。

5. 现场使用油漆、涂料等易污染品时，不应污染地面、墙面及其他物品。水箱内防腐层施工时，应设置通风措施。施工中的下脚料，应及时回收、清理，运到指定地点销毁。各种试验用水，应排入专门的排水沟。

6. 施工作业面应保持整洁，做到文明施工，工完场清，施工现场应安排专人洒水、清扫。施工现场应建立封闭式垃圾站，并对建筑垃圾按不可再利用垃圾与可再利用垃圾进行分别存放，对可循环利用的建筑垃圾进行再分类，建立相应的项目部台账。

7. 使用的靠梯、高凳、人字梯应完好，不应垫高使用。使用人字梯，角度应在 60°左右，并用绳索扎牢，下端采取防滑措施。

1.2 室内排水系统安装施工

1.2.1 施工要点

1. 必须采用柔性防水套管，生活污水管道应使用塑料管、铸铁管或混凝土管（由成组洗脸盆或饮用喷水器到共用水封之间的排水管和连接卫生器具的排水短管，可使用钢管）。

2. 排水管道不应穿越配电间。

3. 排水管道安装必须保证排水通畅，最小坡度不能小于规范要求，支吊架设置及安装应合理且可靠。

4. 隐蔽或埋地的排水管道安装后，必须做灌水试验，其余明装管道必须在卫生器具及设备安装后，按规范要求进行通球、通水试验。

1.2.2 质量要点

1. 排水管道穿过结构伸缩缝、抗震缝及沉降缝敷设时，根据情况应在墙体两侧采取柔性连接，管道或保温层外皮上、下部留有不小于 150mm 的净空，在穿墙处做成方形补偿器，水平安装。

2. 管道穿越墙壁和楼板，应设置金属或塑料套管。安装在楼板内的套管，其顶部应高出装饰地面 20mm；安装在卫生间及厨房内的套管，其顶部应高出装饰地面 50mm，底部应与楼板底相平；安装在墙壁内的套管其两端与饰面相平，穿过楼板的套管与管道之间缝隙应用阻燃密实材料和防水油膏填实，端面应光滑，穿墙套管与管道之间缝隙宜用阻燃密实材料填实且端面应光滑，管道的接口不得设在套管内。

1.2.3 质量验收

1. 主控项目

1）隐蔽或埋地的排水管道在隐蔽前必须做灌水试验，其灌水高度应不低于底层卫生器具的上边缘或底层地面高度。

2）生活污水铸铁管道的坡度必须符合设计或表 1-8 的规定。

表 1-8　生活污水铸铁管道的坡度

项次	管径（mm）	标准坡度（‰）	最小坡度（‰）
1	50	35	25
2	75	25	15
3	100	20	12
4	125	15	10
5	150	10	7
6	200	8	5

3）生活污水塑料管道的坡度必须符合设计或表 1-9 的规定。

表 1-9　生活污水塑料管道的坡度

项次	管径（mm）	标准坡度（‰）	最小坡度（‰）
1	50	25	12
2	75	15	8
3	110	12	6
4	125	10	5
5	160	7	4

4）排水塑料管必须按设计要求及位置装设伸缩节，如设计无要求时，伸缩节间距不得大于 4m。高层建筑中明设排水塑料管道应按设计要求设置阻火圈或防火套管。

5）排水主立管及水平干管道均应做通球试验，通球球径不小于排水管道管径的 2/3，通球率必须达到 100%。

6）安装在室内的雨水管道安装后应做灌水试验，灌水高度必须到每根立管 L 部的雨水斗。灌水试验持续 1h，不渗不漏。

7）雨水管道如采用塑料管，其伸缩节安装应符合设计要求。

8）悬吊式雨水管道的敷设坡度不得小于 5‰；埋地雨水管道的最小坡度，应符合表 1-10 的规定。

表 1-10　地下埋设雨水排水管道的最小坡度

项次	管径（mm）	最小坡度（‰）
1	50	20
2	75	15
3	100	8
4	125	6
5	150	5
6	200～400	4

2. 一般项目

1）在生活污水管道上设置的检查口或清扫口，当设计无要求时应符合下列规定：

① 在立管上应每隔一层设置一个检查口，但在最底层

和有卫生器具的最高层必须设置。如为两层建筑时，可仅在底层设置立管检查口；如有乙字弯管时，则在该层乙字弯管的上部设置检查口，检查口中心高度距操作地面一般为1m，允许偏差±20mm；检查口的朝向应便于检修，暗装立管，在检修口处应安装检修门。

② 在连接2个及2个以上大便器或3个及3个以上卫生器具的污水横管上应设置清扫口。当污水管在楼板下悬吊敷设时，可将清扫口设在上一层楼地面上，污水管起点的清扫口与管道相垂直的墙面距离不得小于200mm；若污水管起点设置堵头代替清扫口时，与墙面距离不得小于400mm。

③ 在转角小于135°的污水横管上，应设置检查口或清扫口。

④ 污水横管的直线管段，应按设计要求的距离设置检查口或清扫口。

2）埋在地下或地板下排水管道的检查口，应设在检查井内，井底表面标高与检查口的法兰相平，井底表面应有5%坡度，坡向检查口。

3）金属排水管上的吊钩或卡箍应固定在承重结构上。固定件间距：横管不大于2m；立管不大于3m；楼层高度小于或等于4m，立管可安装1个固定件，立管底部的弯管处应设支墩或采取固定措施。

4）排水塑料管道支、吊架间距应符合表1-11的规定。

表1-11 排水塑料管道支、吊架最大间距

管径（mm）	50	75	110	125	160
立管（m）	1.2	1.5	2.0	2.0	2.0
横管（m）	0.5	0.75	1.10	1.30	1.6

5）排水通气管不得与风道或烟道连接，且应符合下列规定：

① 通气管应高出屋面 300mm，但必须大于最大积雪厚度；

② 在通气管出口 4m 以内有门、窗时，通气管应高出门、窗顶 600mm 或引向无门、窗一侧；

③ 在经常有人停留的平屋顶上，通气管应高出屋面 2m，并应根据防雷要求设置防雷装置；

④ 屋顶有隔热层应从隔热层板面算起。

6）安装未经消毒处理的医院含菌污水管道时，不得与其他排水管道直接连接。

7）饮食业工艺设备引出的排水管及饮用水水箱的溢流管，不得与污水管道直接连接，并应留出不小于 100mm 的隔断空间。

8）通向室外的排水管，穿过墙壁或基础必须下返时，应采用 45°三通和 45°弯头连接，并应在垂直管段顶部设置清扫口。

9）由室内通向室外排水检查井的排水管，井内引入管应高于排水管或与两管顶相平，并有不小于 90°的水流转角，如跌落差大于 300mm 可不受角度限制。

10）用于室内排水的水平管道与水平管道、水平管道与立管的连接，应采用 45°三通或 45°四通和 90°斜三通或 90°斜四通，立管与排出管端部的连接，应采用两个 45°弯头或曲率半径不小于 4 倍管径的 90°弯头。

11）室内排水和雨水管道安装的允许偏差应符合表1-12 的相关规定。

表 1-12　室内排水和雨水管道安装的允许偏差和检验方法

项次	项目			允许偏差 (mm)	检验方法
1	坐标			15	
2	标高			±15	
3	横管纵横方向弯曲	铸铁管	每米	≥1	用水准仪（水平尺）、直尺、拉线和尺量检查
			全长 25m 以上	≥25	
		钢管	每米 管径≤100mm	1	
			每米 管径>100mm	1.5	
			全长 25m 以上 管径≤100mm	≥25	
			全长 25m 以上 管径>100mm	≥38	
		塑料管	每米	1.5	
			全长 25m 以上	≥38	
		钢筋混凝土管、混凝土管	每米	3	
			全长 25m 以上	≥75	
4	立管垂直度	铸铁管	每米	3	吊线和尺量检查
			全长 5m 以上	≥15	
		钢管	每米	3	
			全长 5m 以上	≥10	
		塑料管	每米	3	
			全长 5m 以上	≥15	

12）雨水管道不得与生活污水管道相连接。

13）雨水斗管的连接应固定在屋面承重结构上，雨水斗边缘与屋面相连处应严密不漏。当连接管管径设计无要求时，不得小于100mm。

14）悬吊式雨水管道的检查口或带法兰堵口的三通间距

不得大于表 1-13 的规定。

表 1-13　悬吊管检查口间距

项次	悬吊管直径（mm）	检查口间距（m）
1	≤150	≯15
2	≥200	≯20

15）雨水钢管管道焊接的焊口允许偏差应符合表 1-14 的规定。

表 1-14　钢管管道焊口允许偏差和检验方法

项次	项目		允许偏差	检验方法
1	焊口平直度	管壁厚 10mm 以内	管壁厚 1/4	焊接检验尺和游标卡尺检查
2	焊缝加强面	高度	+1mm	
		宽度	—	
3	咬边	深度	<0.5mm	直尺检查
		长度　连续长度	25mm	
		总长度（两侧）	小于焊缝长度的 10%	

1.2.4　安全与环保措施

1. 施工机械应符合现行行业标准 JGJ 33《建筑机械使用安全技术规程》及 JGJ 46《施工现场临时用电安全技术规范》的有关规定，施工中应定期对其进行检查、维修，保证机械使用安全。施工人员应经安全技术交底和安全文明施工教育后才可进入工地施工操作，施工现场应加强安全管理，安排专职安全巡逻员，设置黄沙桶、灭火器等消防设备。施工现场应安排专人洒水、清扫。

2．用倒链吊装阀门或组装件时，升降要平稳。如需在起吊物下作业时，应将链条打结，防止回链事故发生。吊装热水器、管道时，应有专人指挥，倒链应完好、可靠，吊件下方禁止站人。在起重吊装过程中，施工人员要听从指挥，不应擅自离开工作岗位。吊装时，划分的施工警戒区域应围有禁区的标志，非施工人员禁止入内。

3．在3.0m以上的高空、悬空作业时，应采取有效的安全措施，并应系好安全带，扣好保险钩；电气焊人员应持证上岗，戴好防护镜或防护面罩；在有刺激性或有害气体环境中作业的施工人员，应戴好口罩或防毒面具，并保持良好的通风条件。

4．建筑施工使用的材料宜就地取材，宜优先采用施工现场500km以内的施工材料。各种管道应平整的安放在仓库内，应设置垫木，防止踩踏、变形等损伤。

5．在管道井或光线暗淡的地下室等地施工时，照明电压不应超过36V。安装立管时，应及时将管道固定牢固，防止脱落伤人。管道试压，检查接口时，检查人员不应正对管道盲板、堵头等处站立。

6．容器内焊接时，应加强通风，防止有害气体中毒。斜屋面施工时，应搭设防护措施，做好临边防护。施工现场进行剔凿、切割作业时，作业面局部应遮挡、掩盖，操作人员宜戴上口罩、耳塞，防止吸入粉尘和切割噪声，危害人身健康。

7．施工现场应建立封闭式垃圾站，并对建筑垃圾按不可再利用垃圾与可再利用垃圾进行分别存放，对可循环利用的建筑垃圾进行再分类，建立相应的项目部台账。

8．使用的靠梯、高凳、人字梯应完好，不应垫高使用，使用人字梯。角度应在 60°左右，并用绳索扎牢，下端采取防滑措施。

1.3 室内热水供应系统安装施工

1.3.1 施工要点

1. 楼层内热水管道的安装，应与结构进度至少相隔两层的条件下进行安装，且管道穿越结构部位的孔洞已预留完毕，其结构已满保养期，土建支模已拆除，操作场地清理干净。

2. 热水管道安装坡度应满足设计要求，支吊架间距要根据不同管材要求控制好，在试压合格后应做好保温（浴室内明装管道除外），尤其要注意保证穿墙、法兰、阀门等连接处的保温施工质量。

3. 设置在屋面上的太阳能热水器，应在屋面做完保护层后安装，并不得损坏原屋面防水层、保温层。位于阳台上的太阳能热水器，应在阳台栏板安装完后安装并有安全防护措施，锚栓防腐和承载力应满足设计要求。

1.3.2 质量要点

1. 保证卫生热水供应的质量，热水供应系统的管道应采用耐腐蚀、对水质无污染的管材。

2. 管道穿过结构伸缩缝、抗震缝及沉降缝敷设时，应根据情况在墙体两侧采取柔性连接，在管道或保温层外皮上、下部留有不小于 150mm 的净空，在穿墙处做成方形补偿器，水平安装。

3. 热水供应系统的金属管道立管，管卡安装应符合下列规定：

1）楼层高度小于或等于 5m，每层必须安装 1 个。

2）楼层高度大于 5m，每层安装不得少于 2 个。

3）管卡安装高度，距地面应为 1.5～1.8m，2 个以上管卡应匀称安装，同一房间管卡应安装在同一高度上。

1.3.3 质量验收

1. 主控项目

1）热水供应系统安装完毕，管道保温之前应进行水压试验，试验压力应符合设计要求。当设计未注明时，热水供应系统水压试验压力应为系统顶点的工作压力加 0.1MPa，同时在系统顶点的试验压力不小于 0.3MPa。

检验方法：钢管或复合管道系统试验压力下 10min 内压力降不大于 0.02MPa，然后降至工作压力检查，压力应不降，且不渗不漏；塑料管道系统在试验压力下稳压 1h，压力降不得超过 0.05MPa，然后在工作压力 1.15 倍状态下稳压 2h，压力降不低 0.03MPa，连接处不得渗漏。

2）在安装太阳能集热器玻璃前，应对集热排管和上、下集管作水压试验，试验压力为工作压力的 1.5 倍，试验压力下 10min 内压力不降，不渗不漏。

3）热交换器应以工作压力的 1.5 倍作水压试验。蒸汽部分应不低于蒸汽供汽压力加 0.3MPa；热水部分应不低于 0.4MPa，试验压力下 10min 内压力不降，不渗不漏。

4）热水供应管道应尽量利用自然弯补偿热伸缩，直线段过长则应没置补偿器。补偿器型号、规格、位置应符合设计要求，并按有关规定进行预拉伸。

5）水泵就位前的基础混凝土强度、坐标、标高、尺寸和螺栓孔位置必须符合设计要求。

6）敞口水箱的满水试验和密闭水箱（罐）的水压试验必须符合设计与现行国家标准 GB 50242《建筑给水排水及采暖工程施工质量验收规范》要求。

7）热水供应系统竣工后必须进行冲洗。

2. 一般项目

1）管道安装坡度应符合设计规定。

2）温度控制器及阀门应安装在便于观察和维护的位置。

3）热水供应管道和阀门安装的允许偏差应符合表 1-15 的规定。

表 1-15　管道和阀门安装的允许偏差和检验方法

项次	项目			允许偏差（mm）	检验方法
1	水平管道纵横方向弯曲	钢管	每米 全长 25m 以上	1 ≯25	用水平尺、直尺、拉线和尺量检查
		塑料管复合管	每米 全长 25m 以上	1.5 ≯25	
		铸铁管	每米 全长 25m 以上	2 ≯25	
2	立管垂直度	钢管	每米 5m 以上	3 ≯8	吊线和尺量检查
		塑料管复合管	每米 25m 以上	2 ≯8	
		铸铁管	每米 25m 以上	3 ≯10	
3	成排管段和成排阀门	在同一平面上间距		3	尺量检查

4）热水供应系统管道应保温（浴室内明装管道除外）。保温材料、厚度、保护壳等应符合设计规定，保温层厚度和平整度的允许偏差应符合表1-16的规定。

表1-16　保温层允许偏差

项目名称		允许偏差（mm）	检验方法
保温层厚度		$-0.05\delta \sim 0.1\delta$	用钢针刺入
表面平整度	卷材	5	用2m靠尺和楔形塞尺检查
	涂抹	10	

注：δ为保温层厚度。

5）安装固定式太阳能热水器，朝向应正南。如条件限制时，其偏移角不得大于15°。集热器的倾角，对于春、夏、秋三个季节使用的，应采用当地纬度为倾角；若以夏季为主，可比当地纬度减少10°。

6）由集热器上、下集管接往热水箱的循环管道，应有不小于5‰的坡度。

7）自然循环的热水箱底部与集热器上集管之间的距离为0.3～1.0m。

8）制作吸热钢板凹槽时，其圆度应准确，间距应一致。安装集热排管时，应用卡箍和钢丝紧固在钢板凹槽内。

9）太阳能热水器的最低处应安装泄水装置。

10）热水箱及上、下集管等循环管道均应保温。

11）凡以水作介质的太阳能热水器，在0℃以下地区使用，应采取防冻措施。

12）热水供应辅助设备安装的允许偏差应符合本规范表1-17的规定。

表 1-17　热水供应辅助设备安装的允许偏差和检验方法

项次	项目			允许偏差（mm）	检验方法
1	静置设备	坐标		15	经纬仪或拉线/尺量检查
		标高		±5	用水准仪/拉线和尺量检查
		垂直度（每米）		5	吊线和尺量检查
2	离心式水泵	立式泵体垂直度（每米）		0.1	水平尺和塞尺检查
		卧式泵体垂直度（每米）		0.1	水平尺和塞尺检查
		联轴器同心度	轴向倾斜（每米）	0.8	在联轴器互相垂直的四个位置上用水准仪\百分表或测微螺钉和塞尺检查
			径向位移	0.1	

13）太阳能热水器安装的允许偏差应符合表 1-18 的规定。

表 1-18　太阳能热水器安装的允许偏差和检验方法

项目			允许偏差	检验方法
板式直管太阳能热水器	标高	中心线距地面（mm）	±20	尺量
	固定安装朝向	最大偏移角	≤15°	分度仪检查

1.3.4　安全与环保措施

参照"1.1 室内给水系统安装施工"。

1.4　卫生器具安装施工

1.4.1　施工要点

1. 排水栓与洗涤盆连接时，排水栓溢流孔应尽量对准洗涤盆溢流孔以保证溢流部位畅通，镶接后排水栓上端面应低于洗涤盆底。

2. 给水管安装角阀高度一般距地面至角阀中心为250mm，如安装连体坐便器应根据坐便器进水口离地高度而定，但不小于100mm，给水管角阀中心一般在污水管中心左侧150mm或根据坐便器实际尺寸定位。

3. 坐便器安装时应先在底部排水口周围涂满胶粘剂，然后将坐便器排出口对准污水管口慢慢地往下压挤密实填嵌平整，再将垫片螺母拧紧，清除被挤出胶粘剂，在底座周边用玻璃胶填嵌密实后立即用回丝或抹布揩擦清洁。

1.4.2 质量要点

1. 洗涤盆产品应平整无裂损。排水栓应有不小于8mm直径的溢流孔。托架固定螺栓可采用不小于6mm的镀锌开脚螺栓或镀锌金属膨胀螺栓（如墙体是多孔砖，则严禁使用膨胀螺栓）。

2. 带水箱及连体坐便器具水箱后背部离墙应不大于20mm。坐便器安装应用不小于6mm镀锌膨胀螺栓固定，坐便器与螺母间应用软性垫片固定，污水管应露出地面10mm。

3. 冲水箱内溢水管高度应低于扳手孔30～40mm，以防进水阀门损坏时水从扳手孔溢出。

4. 卫生器具安装高度如设计无要求时，应符合表1-19的规定。

表 1-19　卫生器具安装高度

项次	卫生器具名称		卫生器具安装高度		备注
			居住和公共建筑（mm）	幼儿园（mm）	
1	污水盆（池）	架空式	800	800	—
		落地式	500	500	

项次	卫生器具名称		卫生器具安装高度		备注
			居住和公共建筑（mm）	幼儿园（mm）	
2	洗涤盆（池）		800	800	自地面至器具上边缘
3	洗涤盆/洗手盆(有塞、无塞)		800	500	
4	盥洗槽		800	500	
5	浴盆		≯520	—	
6	蹲式大便器	高水箱	1800	1800	自台阶面至高水箱底
		低水箱	900	900	自台阶面至低水箱底
7	坐式大便器	高水箱	1800	1800	自地面至高水箱底
		低水箱 外露排水管式	510	—	自地面至低水箱底
		低水箱 虹吸喷射式	470	370	
8	小便器	挂式	600	450	自地面至下边缘
9	小便槽		200	150	自地面至台阶面
10	大便槽冲洗水箱		≮2000	—	自台阶面至水箱底
11	妇女卫生盆		360		自地面至器具上边缘
12	化验盆		800	—	自地面至器具上边缘

5. 卫生器具给水配件的安装高度，如设计无要求时，应符合表 1-20 的规定。

表 1-20　卫生器具给水配件的安装高度

项次	给水配件名称	配件中心距地面高度（mm）	冷热水龙头距离（mm）
1	架空式污水盆（池）水龙头	1000	—
2	落地式污水盆（池）水龙头	800	—

23

项次	给水配件名称		配件中心距地面高度（mm）	冷热水龙头距离（mm）
3	洗涤盆（池）水龙头		1000	150
4	住宅集中给水龙头		1000	—
5	洗手盆水龙头		1000	—
6	洗脸盆	水龙头（上配水）	1000	150
		水龙头（下配水）	800	150
		角阀（下配水）	450	—
7	盥洗槽	水龙头	1000	150
		冷热水嘴，其中热上冷下并行水龙头	1100	150
8	浴盆	水龙头（上配水）	670	150
9	淋浴器	截止阀	1150	95
		混合阀	1150	—
		淋浴喷头下沿	2100	—
10	蹲式大便器（台阶面算起）	高水箱角阀及截止阀	2040	—
		低水箱角阀	250	—
		手动式自闭冲洗阀	600	—
		脚踏式自闭冲洗阀	150	—
		拉管式冲洗阀（从地面算起）	1600	—
		带防污助冲器阀门（从地面算起）	900	—
11	坐式大便器	高水箱角阀及截止阀	2040	—
		低水箱角阀	150	—

项次	给水配件名称	配件中心距地面高度（mm）	冷热水龙头距离（mm）
12	大便槽冲洗水箱截止阀（从台阶算起）	≮2400	—
13	立式小便器角阀	1130	—
14	挂式小便器角阀及截止阀	1050	—
15	小便槽多孔冲洗器	1100	—
16	实验室、化验室化验水龙头	1000	—
17	妇女卫生盆混合阀	360	—

注：装设在幼儿园内的洗手盆、洗脸盆和盥洗槽水嘴中心离地面安装高度应为 700mm，其他卫生器具给水配件的安装高度，应按卫生器具实际尺寸相应减少。

1.4.3 质量验收

1. 主控项目

1）排水栓和地漏的安装应平整、牢固，低于排水表面，周边无渗漏。地漏水封高度不得小于 50mm。

2）卫生器具交工前应做满水和通水试验。

3）卫生器具给水配件应完好无损伤，接口严密，启闭部分灵活。

4）与排水横管连接的各卫生器具的受水口和立管均应采取妥善可靠的固定措施；管道与楼板的接合部位应采取牢固可靠的防渗、防漏措施。

5）连接卫生器具的排水管道接口应紧密不漏，其固定支架、管卡等支撑位置应正确、牢固，与管道的接触应平整。

2. 一般项目

1）卫生器具安装的允许偏差应符合表 1-21 的规定。

表 1-21 卫生器具安装的允许偏差和检验方法

项次	项目		允许偏差（mm）	检验方法
1	坐标	单独器具	10	拉线、吊线和尺量检查
		成排器具	5	
2	标高	单独器具	±15	
		成排器具	±10	
3	器具水平度		2	用水平尺和尺量检查
4	器具垂直度		3	吊线和尺量检查

2）有饰面的浴盆，应留有通向浴盆排水口的检修门。

3）小便槽冲洗管，应采用镀锌钢管或硬质塑料管，冲洗孔应斜向下方安装，冲洗水流同墙面成 45°角。镀锌钢管钻孔后应进行二次镀锌。

4）卫生器具的支、托架必须防腐良好，安装平整、牢固，与器具接触紧密、平稳。

5）卫生器具给水配件安装标高的允许偏差应符合表 1-22 的规定。

表 1-22 卫生器具给水配件安装标高的允许偏差和检验方法

项次	项目	允许偏差（mm）	检验方法
1	大便器高、低水箱角阀及截止阀	±10	尺量检查
2	水嘴	±10	
3	淋浴器喷头下沿	±15	
4	浴盆软管淋浴器挂钩	±20	

6）浴盆软管淋浴器挂钩的高度，如设计无要求，应距地面 1.8m。

7）卫生器具排水管道安装的允许偏差应符合表 1-23 的规定。

表 1-23　卫生器具排水管道安装的允许偏差和检验方法

项次	检查项目		允许偏差(mm)	检验方法
1	横管弯曲度	每米	2	用水平尺量检查
		横管全长≤10m	<8	
		横管全长>10m	10	
2	卫生器具的排水管口及横支管的纵横坐标	单独器具	10	用尺量检查
		成排器具	5	
3	卫生器具的接口标高	单独器具	±10	用水平尺和尺量检查
		成排器具	±5	

8）连接卫生器具的排水管管径和最小坡度，如设计无要求时，应符合表 1-24 的规定。

表 1-24　连接卫生器具的排水管管径和足小坡度

项次	卫生器具名称		排水管管径(mm)	管道的最小坡度(‰)
1	污水盆（池）		50	25
2	单、双格洗涤盆（池）		50	25
3	洗手盆、洗脸盆		32～50	20
4	浴盆		50	20
5	淋浴盆		50	20
6	大便器	高、低水箱	100	12
		自闭式冲洗阀	100	12
		拉管式冲洗阀	100	12
7	小便器	手动、自闭式冲洗阀	40～50	20
		自动冲洗阀	40～50	20
8	化验盆（无塞）		40～50	25

项次	卫生器具名称	排水管管径 (mm)	管道的最小坡度 (‰)
9	净身器	40～50	20
10	饮水器	20～50	10～20
11	家用洗衣机	50(软管为30)	—

1.4.4 安全与环保措施

1. 施工机械应符合现行行业标准 JGJ 33《建筑机械使用安全技术规程》及 JGJ 46《施工现场临时用电安全技术规范》的有关规定,施工中应定期对其进行检查、维修,保证机械使用安全。

2. 施工机械设备应按时保养、保修、检验,应选用高效节能电动机,选用噪声标准较低的施工机械、设备,对机械、设备采取必要的消声、隔振和减振措施。施工现场宜充分利用太阳能。

3. 使用电动工具时,应核对电源电压,并安装漏电保护装置,使用前必须做空载试运转。电工、起重工等特殊作业的人员,应持证上岗。施工人员应经安全技术交底和安全文明施工教育后才可进入工地施工操作,施工现场应加强安全管理,安排专职安全巡逻员。

4. 施工中油漆、保温材料、粉状材料,应封闭存放和遮盖。氧气瓶、乙炔瓶的存放要距明火 1.0m 以外,瓶身应带护圈;挪动时,不应碰撞,氧气瓶与乙炔瓶及其他燃气瓶放置间距,应大于 5.0m。

5. 现场使用油漆、稀料等易污染品时,不应污染地面、墙面及其他物品。水箱内防腐层施工时,应设置通风措施。施工中的下脚料,应及时回收、清理,运到指定地点销毁。

各种试验用水，应排入专门的排水沟。

6. 施工作业面应保持整洁，做到文明施工，工完场清，施工现场应安排专人洒水、清扫。施工现场应建立封闭式垃圾站，并对建筑垃圾按不可再利用垃圾与可再利用垃圾进行分别存放，对可循环利用的建筑垃圾进行再分类，建立相应的项目部台账。

7. 使用的靠梯、高凳、人字梯应完好，不应垫高使用。使用人字梯，角度应在60°左右，并用绳索扎牢，下端采取防滑措施。

1.5 水地暖安装施工

1.5.1 施工要点

1. 保温板施工时宜将整板铺设在房间四周，切割板铺设在中间，板与板之间用胶带连接，保温板平整度高差和缝隙均不应超过5mm。

2. 反射膜铺设必须平整，不得有褶皱，反射膜需遮盖严密，不可露出保温板或地面，反射膜直接采用铝箔胶带粘贴。

3. 为保证分水器维修方便，分水器所在位置必须保证分水器可整体拆卸，分水器到地面部分管道必须加保温套管。

1.5.2 质量要点

1. 防水砂浆保护层施工前先检查压力表，铺设时可加设钢丝网片。

2. 地面面层装修材料尽量选用大理石、地砖或地板配合使用。如选用木地板，只能选用复合地板，不可选用实木地板。

3. 水暖管道与墙体之间距离应在 100～150mm，不允许出现管道交叉和弯折现象，管体应平顺铺设。

1.5.3 质量验收

1. 主控项目

1）地面下敷设的盘管理地部分不应有接头。

2）盘管隐蔽前必须进行水压试验，试验压力为工作压力的 1.5 倍，但不小于 0.6MPa。稳压 1h 内压力降不大于 0.05MPa 且不渗不漏。

3）加热盘管弯曲部分不得出现硬折弯现象，曲率半径应符合下列规定：

① 塑料管，不应小于管道外径的 8 倍；

② 复合管，不应小于管道外径的 5 倍。

4）采暖系统安装完毕，管道保温之前应进行水压试验。试验压力应符合设计要求。当设计未注明时，应符合下列规定：

① 蒸汽、热水采暖系统，应以系统顶点工作压力加 0.1MPa 做水压试验，同时在系统顶点的试验压力不小于 0.3MPa；

② 高温热水采暖系统试验压力应为系统顶点工作压力加 0.4MPa；

③ 使用塑料管及复合管的热水采暖系统，应以系统顶点工作压力加 0.2MPa 做水压试验，同时在系统顶点的试验压力不小于 0.4MPa。

检验方法：使用钢管及复合管的采暖系统，应在试验压力下 10min 内压力降不大于 0.02MPa，降至工作压力后检查，不渗不漏；使用塑料管的采暖系统，应在试验压力下

1h 内压力降不大于 0.05MPa，然后降压至工作压力的 1.15 倍稳压 2h，压力降不大于 0.03MPa，同时各连接处不渗不漏。

5）系统试压合格后，应对系统进行冲洗并清扫过滤器及除污器。

6）系统冲洗完毕应充水、加热，进行试运行和调试。

2. 一般项目

1）分\集水器型号、规格、公称压力机安装位置、高度应符合设计要求。

2）加热盘管管径、间距和长度应符合设计要求，间距偏差不大于±10mm。

3）防潮层、防水层、隔热层及伸缩缝应符合设计要求。

4）填充层强度等级应符合设计要求。

1.5.4 安全与环保措施

参照"1.1 室内给水系统安装施工"。

第 2 章　建筑电气工程

2.1　成套配电柜、控制柜（台、箱）和配电箱（盘）安装施工

2.1.1　施工要点

1. 施工前明确设计要求，熟悉现行规范、技术标准，认真查阅图纸，严格按图施工。对基础型钢制作安装，设备开箱检查，设备搬运吊装，盘柜安装，电缆、母线压接、配线、校线各主要工艺过程部要有具体要求并在施工中严格执行。

2. 检查设备合格证、检验报告和技术说明，实行认证的产品应有强制性产品认证证书，并进行必要的外观检查，设备紧固件检查，二次回路施工后线路绝缘测试。

3. 送电调试阶段应严格遵守制度，严格执行停送电程序，不间断电源输出端中性线（N），必须与接地装置直接引来的接地干线相连接做重复接地。

2.1.2　质量要点

1. 不间断电源正常运行时产生的 A 级噪声不应大于 45dB；输出额定电流为 5A 及以下的小型不间断电源噪声，不应大于 30dB。

2. 设备及材料均符合国家或部颁发的现行标准，符合设计要求，并有出厂合格证，配电箱、柜内主要元器件应为

"CCC" 认证产品，规格、型号符合设计要求，柜内配线、线槽等附件应与主要元器件相匹配。

3. 手动式开关机械性能要求有足够的强度和刚度。

2.1.3 质量验收

1. 主控项目

1）柜、台、箱、盘的金属框架及基础型钢应与保护导体可靠连接；装有电器的可开启门，门与框架的接地端子间应选用截面积不小于 $4mm^2$ 的黄绿色绝缘铜芯软导线连接，并应有标志。

2）柜、台、箱、盘等配电装置应有可靠的防电击保护，装置内保护接地导体（PE）应有裸露的连接外部保护导体的端子。当设计无要求时，连接导体最小截面积 Sp 不应小于表 2-1 的规定。

表 2-1　保护导体的最小截面积

相线的截面积 S（mm^2）	相应保护导体的最小截面积 S_p（mm^2）
$S \leqslant 16$	S
$16 < S \leqslant 35$	16
$35 < S \leqslant 400$	$S/2$
$400 < S \leqslant 800$	200
$S > 800$	$S/4$

注：S 指柜（台、箱、盘）电源进线相线截面积，且两者（S、S_p）材质相同。

3）手车、抽出式成套配电柜推拉应灵活，无卡阻碰撞现象。动触头与静触头的中心线应一致，且触头接触紧密，投入时，接地触头先与主触头接触；退出时，接地触头后与主触头脱开。

4）高压成套配电柜必须按现行国家标准 GB 50150《电气装置安装工程电气设备交接试验标准》的规定交接试验，并应合格，且应符合下列规定：

① 继电保护元器件、逻辑元件、变送器和控制用计算机等单独校验应合格，整组试验动作应正确，整定参数应符合设计要求。

② 新型高压电气设备和继电保护装置投入使用前，应按产品技术文件要求进行交接试验。

5）低压成套配电柜交接试验，交流工频耐压试验电压为 1000V，试验持续时间 1min，当绝缘电阻值大于 10MΩ 时，宜采用。

6）对于低压成套配电柜、箱及控制柜（台、箱）间线路的线间和线对地间绝缘电阻值，馈电线路不应小于 0.5MΩ，二次回路不应小于 1MΩ，二次回路的耐压试验电压为 1000V。当回路绝缘电阻值大于 10MΩ 时，应采用 2500V 兆欧表摇测代替，试验持续时间应为 1min 或符合产品技术文件要求。

7）直流柜试验时，应将屏内电子器件从线路上退出，主回路线间和线对地间绝缘电阻值不应小于 0.5MΩ。直流屏所附蓄电池组的充、放电应符合产品技术文件要求，整流器的控制调整和输出特性试验应符合产品技术文件要求。

8）配电箱（盘）内的剩余电流动作保护器（RCD）应在施加额定剩余动作电流的情况下测试动作时间，且测试值应符合设计要求。

9）照明配电箱（盘）的安装应符合下列规定：

① 箱（盘）内配线应整齐，无铰接现象；导线连接应

紧密，不伤线芯，不断股；垫圈下螺丝两侧压的导线截面积应相同，同一电器器件端子上的导线连接不应多于 2 根，防松垫圈等零件应齐全。

② 箱（盘）内开关动作应灵活、可靠。

③ 箱（盘）内宜分别设置中性导体（N）和保护接地导体（PE）汇流排，汇流排上同一端子不应连接不同回路的 N 或 PE。

2. 一般项目

1）基础型钢安装应符合表 2-2 的规定。

表 2-2　基础型钢安装允许偏差

项目	允许偏差（mm）	
	每米	全长
不直度	1.0	5.0
水平度	1.0	5.0
不平行度	—	5.0

2）柜、台、箱相互间与基础型钢应用镀锌螺栓连接，且防松零件齐全；当设计有防火要求时，柜、台、箱的进出口应做防火封堵，并应封堵严密。

3）柜、台、箱、盘应安装牢固，不应设置在水管的正下方。柜、台、箱、盘安装垂直度允许偏差不应大于 1.5‰，相互接缝不应大于 2mm，成列盘面偏差不应大于 5mm。

4）柜、台、箱、盘内检查试验应符合下列规定：

① 控制开关及保护装置的规格、型号应符合设计要求。

② 闭锁装置动作准确、可靠。

③ 主开关的辅助开关切换动作与主开关动作一致。

④ 柜、台、箱、盘上的标识器件应标明被控设备编号、名称或操作位置，接线端子应有编号，且清晰、工整，不易脱色。

⑤ 回路中的电子元件不应参加交流工频耐压试验，50V 及以下回路可不做交流工频耐压试验。

5) 低压电器组合应符合下列规定：

① 发热元件安装在散热良好的位置。

② 熔断器的熔体规格、断路器的整定值符合设计要求。

③ 切换压板接触良好，相邻压板间有安全距离，切换时不能触及相邻的压板。

④ 信号回路的信号灯、按钮、光字牌、电铃、电笛、事故电钟等动作和信号显示准确。

⑤ 金属外壳需做电击保护，应与保护导体连接可靠。

⑥ 端子排安装牢固，端子有序号，强电、弱电端子应隔离布置，端子规格应与导线截面积大小适配。

6) 柜、台、箱、盘间配线应符合下列规定：

① 二次回路接线应符合设计要求，回路的绝缘导线额定电压不应低于 450/750V；对于铜芯绝缘导线或电缆的导体截面积，电流回路不应小于 2.5mm²，其他回路不应小于 1.5mm²。

② 二次回路连线应成束绑扎，不同电压等级，交流、直流线路及计算机控制线路应分别绑扎，且应有标志，固定后不应妨碍手车开关或抽出式部件的拉出或推入。

③ 线缆的弯曲半径不应小于线缆的允许弯曲半径。

④ 导线连接不应损伤线芯。

7) 柜、台、箱、盘面板上的电器连接导线应符合下列规定：

① 连接导线应采用多芯铜芯绝缘软导线，敷设长度应留有适当余量。

② 线束宜有外套塑料管等加强绝缘保护层。

③ 与电器连接时，端部应绞紧、不松散、不断股，其端部可采用不开口的终端端子或搪锡。

④ 可转动部位的两端应采用卡子固定。

8）配电箱（盘）安装应符合下列规定：

① 箱体开孔应与导管管径适配，暗装配电箱箱盖紧贴墙面，箱（盘）涂层应完整。

② 箱（盘）内回路编号应齐全，标志应正确。

③ 箱（盘）应采用不燃材料制作。

④ 箱（盘）应安装牢固、位置正确、部件齐全，安装高度应符合设计要求，垂直度允许偏差不应大于 1.5‰。

2.1.4 安全与环保措施

1. 施工机械应符合现行行业标准 JGJ 33《建筑机械使用安全技术规程》及 JGJ 46《施工现场临时用电安全技术规范》的有关规定，施工中应定期对其进行检查、维修，保证机械使用安全。施工人员应经安全技术交底和安全文明施工教育后才可进入工地施工操作，施工现场应加强安全管理，安排专职安全巡逻员，设置黄沙桶、灭火器等消防设备。施工现场应安排专人清扫。

2. 使用电动工具时，应核对电源电压，并安装漏电保护装置，使用前必须做空载试运转。在环境潮湿的场所，如地下室施工时，照明电压不应超过 36V。

3. 带电作业时，工作人员必须穿绝缘鞋，并且至少两人作业，其中一人操作，另一人监护。设备通电调试前，必须检查线路接线是否正确，保护措施是否齐全，确认无误后方可通电调试。使用的靠梯、高凳、人字梯应完好，不应垫高使用。使用人字梯，角度应在 60°左右，并用绳索扎牢，下端采取防滑措施。

4. 配电柜属于贵重物品，应存放在专用仓库中，并安排专人保管，避免阳光直射、高温。仓库应远离易燃物品仓库，并且库房周围 20m 以内禁止堆放易燃物品。建筑施工使用的材料宜就地取材，宜优先采用施工现场 500km 以内的施工材料。各种管道应平整的存放在仓库内，应设置垫木防止踩踏、变形等损伤。

5. 施工材料在起重吊装过程中，施工人员要听从指挥，不应擅自离开工作岗位。吊装时，划分的施工警戒区域应围有禁区的标志，非施工人员禁止入内。

6. 对施工现场场界噪声进行检测和记录，噪声排放不得超过国家标准。施工场地的强噪声设备宜设置在远离居民区的一侧，可采取对强噪声设备进行封闭等降低噪声的措施。

7. 施工作业面应保持整洁，做到文明施工，工完场清，施工现场应安排专人洒水、清扫。施工现场应建立封闭式垃圾站，并对建筑垃圾按不可再利用垃圾与可再利用垃圾进行分别存放，对可循环利用的建筑垃圾进行再分类，建立相应的项目部台账。

8. 吊装作业时，锁具、机具必须先经过检查，不合格者不得使用。

9. 试运行的安全防护用品未准备好时，不得进行试运行。试运行过程中必须严格服从指挥，按试运行方案操作，操作及监护人员不得随意改变操作程序。

10. 成套柜、箱及其支架接地线，需防腐的部分刷漆时，不得污染设备和室内地面。

11. 盘、柜上的仪表、电器元件所使用的螺栓不得任意堆放，应放置有序。

2.2　硬质阻燃型塑料管（PVC）敷设施工

2.2.1　施工要点

1. 所使用的阻燃型（PVC）塑料管，应有鉴定检验报告单和产品出厂合格证，其附件如线盒、连接件等应与管材相配套。

2. 现浇混凝土板内配管，在底层钢筋绑扎后、上层钢筋未绑扎前，根据施工图尺寸和位置配合土建施工。

3. 明装管道应横平竖直，连接紧密，管口光滑，护口齐全，明配管及其支架、吊架应平直牢固，排列整齐，管子弯曲处无明显褶皱。暗配管保护厚度大于15mm。

4. 阻燃型（PVC）塑料管，管材与配件的敷设、安装与煨弯制作，均应在原材料规定的允许环境温度下进行，其温度不宜低于−15℃。

2.2.2　质量要点

1. 导管套箍不得偏离中心，导管和套箍连接应无松动、承插不到位和胶粘剂涂抹不均匀的情况。

2. 直径大的管段煨弯时，烤烘面积不宜过小，加热要均匀，不可有凹扁、裂痕及烤伤、变色现象出现。

3. 管路敷设时应使用水平仪复核，确保水平度和垂直度，管卡间距均匀。固定管卡前应弹线或拉线，保持起点和终点水平，然后再弹线固定管卡。

4. 若导管为暗敷设，保护层应大于 15mm，管路不得有外露现象，应将管槽深度剔到 1.5 倍管外径的深度，将管子固定好后用水泥砂浆保护，并抹平灰层。抹灰前对线槽部位用纤维网加强，防止抹灰开裂。

5. 朝上的管口应及时封堵，避免杂物落入管内。应在安装立管时，随时堵好管口，避免造成管路不通。

2.2.3 质量验收

1. 主控项目

阻燃型塑料管及其附件材质氧指数应达到 27% 以上的性能指标，阻燃型塑料管不得在室外高温和易受机械损伤的场所明敷设。

2. 般项目

1) 管路连接时，应使用胶粘剂粘结紧密、牢固；配管及其支架、吊架应平直、牢固、排列整齐；管子弯曲处无明显皱褶、凹扁现象。

2) 管路连接时，应使用胶粘剂粘结紧密、牢固；保护层大于 15mm。

3) 盒、箱设置正确，固定牢固；管子入盒、箱时，应用胶粘剂粘结严密、牢固；采用端接头与内锁母时，应拧紧盒壁不松动。

4) 管路保护应符合以下规定：

① 穿过变形缝处有补偿装置，补偿装置能活动自如；

② 穿过建筑物和设备基础处，应加保护管；

③ 补偿装置平直、管口光滑，内锁母与管子连接可靠；

④ 加套的保护管在隐蔽记录中标识正确。

5) 硬质（PVC）塑料管弯曲半径和检验方法应符合表 2-3 的规定。

表 2-3　硬质（PVC）塑料管弯曲半径和检验方法

项次	项目			弯曲半径或允许偏差	检验方法
1	管子最小弯曲半径	暗配管	埋设于混凝土内时	≥6D	尺量检查及检查安装记录
			直埋于地下时	≥10D	
		明配管	管子只有 1 个弯	≥4D	
			管子有 2 个或多于 2 个弯	≥6D	
		电缆导管		不小于电缆最小允许弯曲半径值	
2	管子弯曲处的弯曲度			≤0.1D	尺量检查

注：D 为塑料管外径。

2.2.4　安全与环保措施

1. 施工机械应符合现行行业标准 JGJ 33《建筑机械使用安全技术规程》及 JGJ 46《施工现场临时用电安全技术规范》的有关规定，施工中应定期对其进行检查、维修，保证机械使用安全。

2. 施工人员应经安全技术交底和安全文明施工教育后才可进入工地施工操作，施工现场应加强安全管理，安排专职安全巡逻员，设置黄沙桶、灭火器等消防设备。施工现场应安排专人洒水、清扫。

3. 明火作业前应取得动火证。施工作业时，应有防火措施和专人旁站；工地临时用电线路的架设及脚手架接地、避雷措施等应按现行标准规定执行。施工操作中，工具要随手放入工具袋内，上下传递材料或工具时不得抛掷。

4. 各种管材应平整地存放在仓库内，应设置垫木防止踩踏、变形等损伤。建筑施工材料宜就地取材，宜优先采用施工现场 500km 以内的施工材料。

5. 施工现场应清洁、无灰尘、光线充足，周围空气不应含有导电粉尘和腐蚀性气体，并避开雾、雪、雨天，选择气候良好的条件下进行操作。

6. 施工现场进行剔凿、切割作业时，作业面局部应遮挡、掩盖，操作人员宜戴上口罩、耳塞，防止吸入粉尘和切割噪声危害人身健康。施工现场场界噪声进行检测和记录，噪声排放不得超过国家标准。

7. 施工现场应建立封闭式垃圾站，并对建筑垃圾按不可再利用垃圾与可再利用垃圾进行分别存放，对可循环利用的建筑垃圾进行再分类，建立相应的项目部台账。

2.3　钢导管敷设施工

2.3.1　施工要点

1. 现浇混凝土板内配管，在底层钢筋绑扎后、上层钢筋未绑扎前，根据施工图尺寸和位置配合土建施工。

2. 明管敷设时，配合土建、装修施工进行明配管。

3. 内部装修施工时，配合装修做好吊顶灯位及电气器具位置大样图，并宜在楼板或地面弹出实际位置。

2.3.2　质量要点

1. 除镀锌钢管外，其他管材的内外壁需预先进行除锈防腐处理，埋入混凝土内的管外壁可不刷防锈漆，但应进行除锈处理。镀锌钢管或刷过防腐漆的钢管表层应完整，无剥落现象。

2. 管箍丝扣要求是通丝，线扣清晰，无断扣现象，镀锌层完整无剥落、无劈裂，两端光滑无毛刺。

3. 铁制灯头盒、开关盒、接线盒等，盒壁厚度应不小于1.2mm，镀锌层无剥落、无变形脱焊。敲落孔完整无缺，面板安装孔与地线连接孔齐全。

4. 钢导管煨弯处出现凹扁过大或弯曲半径不够倍数的现象，其原因及解决办法有：

1）使用扳手弯管器时，移动要适度，用力不要过猛。

2）使用油压弯管器或煨管机时，模具应配套，管子的焊缝应在侧面。

3）热煨时，砂子要灌满，受热均匀，煨弯冷却要适度。

5. 非镀锌电线管在焊跨保护导体时，不得将管壁焊漏。焊接应牢固，不得漏焊或焊接面长度不足。

2.3.3　质量验收

1. 主控项目

1）镀锌钢导管、可弯曲金属导管和金属柔性导管不得熔焊连接。

2）当非镀锌钢导管采用螺纹连接时，连接处的两端应熔焊焊接保护连接导体；当镀锌钢导管、可弯曲金属导管、金属柔性导管连接时，连接处的两端宜采用专用接地卡固定保护连接导体。

3）钢导管不得采用对口熔焊连接，镀锌钢导管或壁厚小于等于2mm的钢导管，不得采用套管熔焊连接。

4）以专用接地卡固定的保护连接导体应为铜芯软导线，截面积不应小于$4mm^2$；以熔焊焊接的保护连接导体宜为圆钢，直径不应小于6mm，其搭接长度应为圆钢直径的6倍。

2. 一般项目

1）钢导管连接紧密，管口光滑，护口齐全，明配管及其支架、吊架应平直牢固，排列整齐。管子弯曲处无明显褶皱，油漆防腐完整，暗配管保护厚度大于 15mm。

2）盒箱位置正确，固定可靠，管子进入盒箱处顺直，在盒箱内露出的管头长度小于 5mm；用锁紧螺母固定的管口露出锁紧螺母的 2～4 扣。线路进入电气设备的器具管口位置正确。

3）导管敷设应符合下列规定：

① 导管穿越外墙时应设置防水套管，且应做好防水处理。

② 钢导管跨越建筑物变形缝处应设置补偿装置。

③ 除埋设于混凝土内的钢导管内壁应做防腐处理，外壁可不做防腐处理，其余场所敷设的钢导管内、外壁均应做防腐处理。

④ 导管与热水管、蒸汽管平行敷设时，宜敷设在热水管、蒸汽管的下面。当有困难时，可敷设在其上面，相互间的最小距离宜符合验收规范的要求。

4）明配的电气导管在距终端、弯头中点或柜、台、箱、盘等边缘 150～500mm 范围内应设有固定管卡，中间直线段固定管卡间的最大距离应符合表 2-4 的规定。

表 2-4　管卡间的最大距离

敷设方式	导管种类	导管直径（mm）			
		15～20	25～32	40～50	65 以上
		管卡间最大距离（m）			
支架或沿墙明敷	壁厚大于 2mm 的刚性导管	1.5	2.0	2.5	3.5
	壁厚小于等于 2mm 的刚性导管	1.0	1.5	2.0	—

44

5）导管支架安装应符合下列规定：

① 除设计要求外，承力建筑钢结构构件上不得熔焊导管支架，且不得热加工开孔。

② 当导管采用金属吊架固定时，圆钢直径不得小于8mm，并应设置防晃支架，在距离盒（箱）分支处或端部0.3～0.5m处应设置固定支架。

③ 金属支架应进行防腐，位于室外及潮湿场所的应按设计要求做处理。

④ 导管支架应安装牢固，无明显扭曲。

6）导管的弯曲半径应符合表2-5的规定。

表 2-5 导管弯曲半径及检验方法

项次	项目			弯曲半径	检验方法
1	管子最小弯曲半径	暗配管	埋设于混凝土内时	≥6D	尺量检查及检查安装记录
			直埋于地下时	≥10D	
		明配管	管子只有1个弯	≥4D	
			管子有2个或多于2个弯	≥6D	
		电缆导管		不小于电缆最小允许弯曲半径值	
2	管子弯曲处的弯曲度			≤0.1D	尺量检查

注：D为管外径。

7）可弯曲金属导管及柔性导管敷设应符合下列规定：

① 刚性导管经柔性导管与电气设备、器具连接，柔性导管的长度在动力工程中不大于0.8m，在照明工程中不大

于 1.2m。

② 可弯曲金属管或柔性导管与刚性导管或电气设备、器具间的连接应采用专用接头；防液型可弯曲金属导管或柔性导管的连接处应密封良好，防液覆盖层应完整无损。

③ 当可弯曲金属导管有可能承受重物压力或明显机械撞击时，应采取保护措施。

④ 明配的金属柔性导管固定点间距应均匀，不应大于1m，管卡与设备、器具、弯头中点、管端等边缘的距离应小于 0.3m。

⑤ 可弯曲金属导管和金属柔性导管不应做保护导体的接续导体。

2.3.4　安全与环保措施

参照"2.2 硬质阻燃型塑料管（PVC）敷设施工"。

2.4　扣压式薄壁钢管及套接紧定式钢管敷设施工

2.4.1　施工要点

1. 现浇混凝土板内配管，在底层钢筋绑扎后、上层钢筋未绑扎前，根据施工图尺寸和位置配合土建施工。

2. 明管敷设时，配合土建结构安装好预埋件，内部装修油漆完成后进行明配管，采用胀管安装时，必须在土建抹灰后进行。

3. 内部装修施工时，配合土建做好吊顶灯位及电气器具位置翻样图，并在楼板或地面弹出实际位置。

4. 吊顶内管路敷设应单独设置支吊架，应配合龙骨安装进行施工。

5. 套接紧定式钢管的敷设，除连接的施工工艺与扣压式薄壁钢管不同外，其他均相同。

2.4.2 质量要点

1. 煨弯处出现凹扁过大或弯曲半径不够倍数的现象，其原因及解决办法有：

1）使用扳手弯管器时，移动要适度，用力不要过猛；

2）使用油压弯管器或煨管机时，模具应配套，管子的焊缝应在侧面；

3）热煨时，砂子要灌满，受热均匀，煨弯冷却要适度。

2. 明配管、吊顶内或护墙板内配管、固定点不牢，螺丝松动，管卡子固定点间距过大或不均匀，应采用配套管卡，固定牢固，间距应安排均匀。

3. 暗配管路堵塞，配管后应及时扫管，发现堵管及时修复，配管后应及时加管堵将管口堵严。

2.4.3 质量验收

1. 主控项目

薄壁钢管严禁熔焊连接。

2. 一般项目

1）连接紧密，管与器件连接到位，明配管及其支架、吊架应平直牢固，排列整齐；管子弯曲处无明显褶皱，油漆防腐完整，暗配管保护层大于 15mm。

2）管路的保护应符合下列规定：

① 穿过变形缝处有补偿装置，补偿装置能活动自如；

② 穿过建筑物和设备基础处加保护管；

③ 补偿装置平整，管口光滑，护口牢固，与管子连接可靠；

④ 加保护套管处在隐蔽工程记录中标示正确。

3）金属电线保护管、箱、盒，在整个线路中采用压接方式形成完整接地，线路走向合理。涂刷部分不污染设备和建筑物。

2.4.4 安全与环保措施

1. 施工机械应符合现行行业标准 JGJ 33《建筑机械使用安全技术规程》及 JGJ 46《施工现场临时用电安全技术规范》的有关规定，施工中应定期对其进行检查、维修，保证机械使用安全。

2. 施工人员应经安全技术交底和安全文明施工教育后才可进入工地施工操作，施工现场应加强安全管理，安排专职安全巡逻员，设置黄沙桶、灭火器等消防设备。施工现场应安排专人洒水、清扫。

3. 明火作业前应取得动火证。施工作业时，应有防火措施和专人旁站；工地临时用电线路的架设及脚手架接地、避雷措施等应按现行标准规定执行。施工操作中，工具要随手放入工具袋内，上下传递材料或工具时不得抛掷。

4. 各种管材应平整的存在在仓库内，应设置垫木防止踩踏、变形等损伤。建筑施工材料宜就地取材，宜优先采用施工现场 500km 以内的施工材料。

5. 施工现场应清洁、无灰尘、光线充足，周围空气不应含有导电粉尘和腐蚀性气体，并避开雾、雪、雨天，选择气候良好的条件下进行操作。

6. 施工现场进行剔凿、切割作业时，作业面局部应遮挡、掩盖，操作人员宜戴上口罩、耳塞，防止吸入粉尘和切割噪声，危害人身健康。对施工现场场界噪声进行检测和记录，噪声排放不得超过国家标准。

7. 施工现场应建立封闭式垃圾站，并对建筑垃圾按不可再利用垃圾与可再利用垃圾进行分别存放，对可循环利用的建筑垃圾进行再分类，建立相应的项目部台账。

2.5　金属梯架、托盘或槽盒安装施工

2.5.1　施工要点

1. 金属梯架、托盘或槽盒安装应在安装路线上抹灰工作已完成、预留孔洞经检查符合图纸要求、安装面清理干净后进行。

2. 金属梯架、托盘或槽盒类型、规格应符合设计要求，桥架支吊架可采用圆钢、扁钢、角钢等制作，大型桥架或综合支架可采用槽钢制作，支架制作完毕后应做防锈保护。

3. 金属梯架、托盘或槽盒支架安装应确保标高、间距等满足设计要求，并做可靠接地。

4. 由金属梯架、托盘或槽盒引出的配管应使用钢管，当金属梯架、托盘或槽盒需要开孔时，应用液压开孔器开孔，开孔处应切口整齐，管孔径吻合，严禁用气、电焊割孔；钢管与金属梯架、托盘或槽盒连接时，应使用定型管接头连接固定。

5. 金属梯架、托盘或槽盒在穿过防火或人防分区时，具体做法应符合设计要求。

2.5.2　质量要点

1. 金属梯架、托盘或槽盒施工时要注意成品保护，不应随意放置、拖动，以免破坏防腐层。

2. 金属梯架、托盘或槽盒支架应牢固可靠，与预埋件焊接固定时，焊缝饱满；膨胀螺栓固定时，选用螺栓适配，连接紧固，防松零件齐全。

3. 金属梯架、托盘或槽盒穿墙处应根据不同情况做好密闭防护、防水、防火等工作。

4. 金属梯架、托盘或槽盒严格按设计要求做好接地。

2.5.3 质量验收

1. 主控项目

1）金属梯架、托盘或槽盒本体之间的连接应牢固可靠，与保护导体的连接应符合下列规定：

① 金属梯架、托盘和槽盒全长不大于 30m 时，不应少于 2 处与保护导体的可靠连接；全长大于 30m 时，每隔 20～30m 应增加 1 个连接点，起始端和终点端均应可靠接地。

② 非镀锌梯架、托盘或槽盒本体之间连接板的两端应跨接保护连接导体，保护连接导体的截面积应符合设计要求。

③ 镀锌梯架、托盘和槽盒本体之间不跨接保护连接导体时，连接板两端不应少于 2 个有防松螺帽或防松垫圈的连接固定螺栓。

2）电缆敷设严禁有绞拧、铠装压扁、护层断裂和表面严重划伤等缺陷。

2. 一般项目

电缆桥架安装应符合下列规定：

1）直线段钢制或塑料梯架、托盘和槽盒长度超过 30m，铝合金或玻璃钢制梯架、托盘和槽盒长度超过 15m 时，应设置伸缩节；当梯架、托盘和槽盒跨越建筑物变形缝处时，应设置补偿装置。

2）电缆桥架转弯处的弯曲半径不小于桥架内电缆最小允许弯曲半径，电缆最小允许弯曲半径符合表 2-6 规定。

表 2-6　电缆最小允许弯曲半径

序号	电缆种类	最小允许弯曲半径
1	无铅包钢铠护套的橡皮绝缘电力电缆	$10D$
2	有钢铠护套的橡皮绝缘电力电缆	$20D$
3	聚氯乙烯绝缘电力电缆	$10D$
4	交联聚氯乙烯绝缘电力电缆	$15D$
5	多芯控制电缆	$10D$

注：D 为电缆外径。

3）当设计无要求时，金属梯架、托盘或槽盒水平安装的支架间距为 1.5～3m；垂直安装的支架间距不大于 2m。

4）金属梯架、托盘或槽盒与支架间螺栓、桥架连接板螺栓固定紧固无遗漏，螺母位于金属梯架、托盘或槽盒外侧；当铝合金梯架、托盘或槽盒与钢支架固定时，有相互间绝缘的防电化学腐蚀措施。

5）电缆梯架、托盘或槽盒宜敷设在易燃易爆气体管道和热力管道的下方，当设计无要求时，与管道的最小净距符合表 2-7 的规定。

表 2-7　与管道的最小净距（m）

管道类别		平行净距	交叉净距
一般工艺管道		0.4	0.3
易燃易爆气体管道		0.5	0.5
热力管道	有保温层	0.5	0.3
	无保温层	1.0	0.5

6）敷设在竖井内和穿越不同防火区的金属梯架、托盘或槽盒，按设计要求位置，有防火隔堵措施；

7）支架与预埋件焊接固定时，焊缝饱满；膨胀螺栓固定时，选用螺栓适配，连接紧固，防松零件齐全。

2.5.4 安全与环保措施

1. 施工机械应符合现行行业标准 JGJ33《建筑机械使用安全技术规程》及 JGJ46《施工现场临时用电安全技术规范》的有关规定，施工中应定期对其进行检查、维修，保证机械使用安全。

2. 施工人员应经安全技术交底和安全文明施工教育后才可进入工地施工操作，施工现场应加强安全管理，安排专职安全巡逻员，设置黄沙桶、灭火器等消防设备。施工现场应安排专人洒水、清扫。

3. 明火作业前应取得动火证。施工作业时，应有防火措施和专人旁站；工地临时用电线路的架设及脚手架接地、避雷措施等应按现行标准规定执行。施工操作中，工具要随手放入工具袋内，上下传递材料或工具时不得抛掷。

4. 各种管材应平整的存在在仓库内，应设置垫木防止踩踏、变形等损伤。建筑施工材料宜就地取材，宜优先采用施工现场 500km 以内的施工材料。

5. 施工现场应清洁、无灰尘、光线充足，周围空气不应含有导电粉尘和腐蚀性气体，并避开雾、雪、雨天，选择气候良好的条件下进行操作。

6. 施工现场进行剔凿、切割作业时，作业面局部应遮挡、掩盖，操作人员宜戴上口罩、耳塞，防止吸入粉尘和切割噪声，危害人身健康。对施工现场场界噪声进行检测和记录，噪声排放不得超过国家标准。

7. 施工现场应建立封闭式垃圾站，并对建筑垃圾按不可再利用垃圾与可再利用垃圾进行分别存放，对可循环利用的建筑垃圾进行再分类，建立相应的项目部台账。

2.6 裸母线、封闭母线、插接式母线安装施工

2.6.1 施工要点

1. 检查进场母线必须有合格证、质保书、检验报告和随带安装技术文件，有国家强制性产品认证证书，并进行必要的外观检查。

2. 检查母线的型号、规格、电压等级符合设计要求，外观要求防尘密封良好，各节编号标志清晰，附件齐全，外壳不变形，母线螺栓搭接面平整、镀层覆盖完整、无起皮和麻面现象，静触头无缺损、表面光滑、镀层完整。

3. 连接前分段母线绝缘电阻符合要求，连接后母线绝缘电阻符合要求，连接后无变形且不受额外应力。

4. 母线组装位置正确、固定牢固，连接螺栓、螺帽、垫片等齐全，外壳与底座间、外壳各连接部位和母线的连接按产品技术说明书的要求连接紧固。

5. 支架及外壳必须接地良好。

2.6.2 质量要点

1. 母线进场必须进行材料报验，合格证、质保书、国家强制性产品认证证书及随带安装技术文件齐全，报验符合要求。

2. 进场母线及附件材料外观良好。

3. 安装符合技术文件要求，母线及支架安装牢固，接地良好，符合要求。

4. 母线插接连接后无变形且不受额外应力。

5. 母线支架和封闭、插接式母线的外壳接地（PE）或接零（PEN）连接良好，母线绝缘电阻测试和交流工频耐

压试验合格，方可通电。

6. 对母线通电后进行检查。

2.6.3 质量验收

1. 主控项目

1）母线槽的金属外壳等外露可导电部分应与保护导体可靠连接，并应符合下列规定：

① 每段母线槽的金属外壳间应连接可靠，且母线槽全长与保护导体可靠连接不应少于 2 处；

② 分支母线槽的金属外壳末端应与保护导体可靠连接；

③ 连接导体的材质、截面积应符合设计要求。

2）母线与母线或母线与电器接地线端子，当采用螺栓搭接连接时，应符合下列规定：

① 母线的各类搭接连接的钻孔直径和搭接长度符合现行国家标准 GB 50303《建筑电气工程施工质量验收规范》附录 D 的规定，连接螺栓的力矩值符合现行国家标准 GB 50303《建筑电气工程施工质量验收规范》附录 E 的规定，当一个连接处需要多个螺栓连接时，每个螺栓的拧紧力矩值应一致；

② 母线接触面应保持清洁，宜涂抗氧化剂，螺栓孔周边应无毛刺；

③ 连接螺栓两侧有平垫圈，相邻垫圈间有大于 3mm 的间隙，螺母侧应装有弹簧垫圈或锁紧螺母；

④ 螺栓受力均匀，不应使电器或设备的接线端子受额外应力。

3）母线槽安装应符合下列规定：

① 母线槽不宜安装在水管的正下方；

② 母线与外壳同心，允许偏差为±5mm；

③ 当段与段连接时，两相邻母线及外壳宜对准，相序应正确，连接后不使母线及外壳受额外应力；

④ 母线的连接方法符合产品技术文件要求；

⑤ 母线槽连接用部件的防护等级应与母线槽本体的防护等级一致。

4) 母线槽通电运行前应进行检验或试验，并应符合下列规定：

① 高压母线交流工频耐压试验应按现行国家标准 GB 50303《建筑电气工程施工质量验收规范》3.1.5 条的规定交接试验合格；

② 低压母线的绝缘电阻值不应小于 0.5MΩ；

③ 检查分接单元插入时，接地触头应先于相线触头接触，且触头连接紧密；

④ 检查母线槽与配电柜、电气设备的接线相序应一致。

2. 一般项目

1) 母线槽支架安装应符合下列规定：

① 除设计要求外，承力建筑钢结构构件上不得熔焊连接母线槽支架，且不得热加工开孔；

② 与预埋铁件采用焊接固定时，焊缝应饱满；采用膨胀螺栓固定时，选用的螺栓应适配，连接应牢固；

③ 支架应安装牢固，无明显扭曲，采用金属吊架固定时应有防晃支架，配电母线槽的圆钢吊架直径不得小于8mm，照明母线槽的圆钢吊架直径不得小于 6mm；

④ 金属支架应进行防腐处理，位于室外及潮湿场所的应按设计要求进行处理。

2) 对于母线与母线、母线与电器或设备接线端子搭接，搭接面的处理应符合下列规定：

① 铜与铜：当处于室外、高温或潮湿的室内时，搭接面应搪锡或镀银；干燥的室内，可不搪锡、不镀银；

② 铝与铝：可直接搭接；

③ 钢与钢：搭接面应搪锡或镀锌；

④ 铜与铝：在干燥的室内，铜导体搭接面搪锡；在潮湿场所，铜导体搭接面应搪锡或镀银，且应采用铜铝过渡连接；

⑤ 钢与铜或铝：钢搭接面应镀锌或搪锡。

3）当设计无要求时，母线的相序排列与涂色应符合下列规定：

① 对于上、下布置的交流母线，由上至下或由下至上排列应分别为 L1、L2、L3；直流母线应正极在上，负极在下。

② 对于水平布置的交流母线，由柜后向柜前或由柜前向柜后排列应分别为 L1、L2、L3；直流母线应正极在后，负极在前。

③ 对于面对引下线的交流母线，由左至右排列应分别为 L1、L2、L3；直流母线正极在左，负极在右。

④ 对于母线的涂色，交流母线 L1、L2、L3 应分别为黄色、绿色、红色，中性导体应为淡蓝色；直流母线正极为赭色、负极为蓝色；保护接地导体（PE）应为黄—绿双色组合色，保护中性导体（PEN）应为全长黄—绿双色，终端用淡蓝色或全长用淡蓝色、终端用黄—绿双色；在连接处或支持件边缘两侧 10mm 以内不涂色。

4）母线槽安装应符合下列规定：

① 水平或垂直敷设的母线槽固定点应每段设置 1 个，且每层不得少于 1 个支架，其间距应符合产品技术文件的要

求，距拐弯 0.4～0.6m 处应设置支架，固定点位置不应设置在母线槽的连接处或分接单元处；

② 母线槽段与段的连接口不应设置在穿越楼板或墙体处，垂直穿越楼板处应设置与建（构）筑物固定的专用部件支座，其孔洞四周应设置高度为 50mm 及以上的防水台，并应采取防火封堵措施；

③ 母线槽跨越建筑物变形缝时，应设置补偿装置；母线槽直线敷设长度超过 80m，每 50～60m 宜设置伸缩节；

④ 母线槽直线段安装应平直，水平度与垂直度偏差不宜大于 1.5‰，全长最大偏差不宜大于 20mm，照明用母线槽水平偏差全长不应大于 5mm，垂直偏差不应大于 10mm；

⑤ 外壳与底座间、外壳各连接部位及母线的连接螺栓应按产品技术文件要求选择正确、连接紧固；

⑥母线槽上无插接部件的插接口及母线端部应采用专用的封板封堵完好；

⑦ 母线槽与各类管道平行或交叉的净距应符合现行国家标准 GB 50303《建筑电气工程施工质量验收规范》附录 F 的规定。

2.6.4　安全与环保措施

1. 施工机械应符合现行行业标准 JGJ 33《建筑机械使用安全技术规程》及 JGJ 46《施工现场临时用电安全技术规范》的有关规定，施工中应定期对其进行检查、维修，保证机械使用安全。施工人员应经安全技术交底和安全文明施工教育后才可进入工地施工操作，施工现场应加强安全管理，安排专职安全巡逻员，设置黄沙桶、灭火器等消防设备。

2. 使用电动工具时，应核对电源电压，并安装漏电保护装置，使用前必须做空载试运转。在管道井或光线暗淡的地下室等地方施工时，照明电压不应超过12V。

3. 带电作业时，工作人员必须穿绝缘鞋，并且至少两人作业，其中一人操作，另一人监护。设备通电调试前，必须检查线路接线是否正确，保护措施是否齐全，确认无误后方可通电调试。使用的靠梯、高凳、人字梯应完好，不应垫高使用，使用人字梯。角度应在60°左右，并用绳索扎牢，下端采取防滑措施。

4. 母线施工时脚手架搭设必须牢固可靠，便于工作，检查合格后方可施工。

5. 当母线进行电、气焊时，清理周围易燃物，并备有消防器材。

6. 工程验收交工前，不得使母线投入运行。

7. 母线送电后，不得在母线附近工作或走动，以免造成触电事故。

8. 母线施工时固体废物做到工完场清，分类管理，统一回收到规定的地点存放清运。

9. 母线加工时尽量远离办公区和生活区，预制加工场地要根据场地的具体情况，充分利用天然地形、建筑屏蔽条件，降低或屏蔽一部分噪声的传播。

2.7 电线、电缆穿管安装施工

2.7.1 施工要点

1. 电线、电缆的型号、规格必须符合设计要求，并有产品检验（检测）报告及产品出厂合格证，必须具有CCC强制认证证书。

2. 低压配电系统选择的电线、电缆截面积不得低于设计值，进场时应对其截面和每芯导体电阻值进行见证取样送检。每芯导体电阻值应符合规范的规定。

3. 电线、电缆穿保护管敷设应合理留有余量。

4. 电线、电缆穿管敷设施工中的安全技术措施，应符合国家现行的安全技术操作规程要求。

2.7.2 质量要点

1. 电线、电缆穿管敷设严格按图纸设计要求施工，所有电线、电缆必须合格，线材规格型号严格按图施工。

2. 电线、电缆的连接绑扎应符合相关操作规程和施工工艺及技术要求。

3. 焊锡的温度要适当，涮锡要均匀。涮锡后要及时将焊剂清除干净，保持接头部位的洁净。

4. 管路内线路绝缘层和接头的包缠处受损、受潮等现象会造成绝缘电阻值偏低，应进行处理，修复或更换导线。

5. LC型压线帽应注意产品的质量，应注意其氧指数、阻燃性能、压接管管径尺寸和是否经过镀银处理。

2.7.3 质量验收

1. 主控项目

1）同一交流回路的绝缘导线不应敷设于不同的金属槽盒内或穿于不同金属导管内。

2）交流单芯电缆或分相后的每相电缆不得单根独穿于钢导管内，固定用的夹具和支架不应形成闭合磁路。

3）除设计要求外，不同回路、不同电压等级和交流与直流线路的绝缘导线不应穿于同一导管内。

4）塑料护套线严禁直接敷设在建筑物顶棚、墙体内、抹灰层内、保温层内或装饰面内。

5）电线、电缆的规格、型号必须符合设计要求。

6）金属电缆支架必须与保护导体可靠连接。

2. 一般项目

1）除塑料护套线外，绝缘导线应采取导管或槽盒保护，不可外露明敷。

2）绝缘导线穿管前，应清除管内杂物和积水。绝缘导线穿入导管的管口在穿线前应装设护线口。

3）当采用多相供电时，同一建筑物、构筑物的绝缘导线绝缘层颜色应一致。

4）保护接地导体、中性线截面积选用正确，线色符合规定，连接牢固紧密。

2.7.4 安全与环保措施

1. 施工机械应符合现行行业标准 JGJ 33《建筑机械使用安全技术规程》及 JGJ 46《施工现场临时用电安全技术规范》的有关规定，施工中应定期对其进行检查、维修，保证机械使用安全。施工人员应经安全技术交底和安全文明施工教育后才可进入工地施工操作，施工现场应加强安全管理，安排专职安全巡逻员，设置黄沙桶、灭火器等消防设备。

2. 使用电动工具时，应核对电源电压，并安装漏电保护装置，使用前必须做空载试运转。在管道井或光线暗淡的地下室等地方施工时，照明电压不应超过 12V。

3. 带电作业时，工作人员必须穿绝缘鞋，并且至少两人作业，其中一人操作，另一人监护。设备通电调试前，必须检查线路接线是否正确，保护措施是否齐全，确认无误后方可通电调试。使用的靠梯、高凳、人字梯应完好，不应垫高使用。使用人字梯，角度应在 60°左右，并用绳索扎牢，下端采取防滑措施。

4. 电缆线属于贵重物品，应存放在专用仓库中，并安排专人保管，避免阳光直射、高温。仓库应远离易燃物品仓库，并且库房周围 20m 以内禁止堆放易燃物品。建筑施工使用的材料宜就地取材，宜优先采用施工现场 500km 以内的施工材料。各种管道应平整的存放在仓库内，应设置垫木防止踩踏、变形等损伤。

5. 电缆头制作环境应干净卫生，无杂物，特别是应无易燃易爆物品，应认真、小心使用喷灯，防止火焰烤到不需加热部位。电缆头制作安装完成后，应工完场清，防止化学物品散落在现场。

6. 对施工现场场界噪声进行检测和记录，噪声排放不得超过国家标准。施工作业面应保持整洁，做到文明施工，工完场清，施工现场应安排专人清扫。

7. 施工现场应建立封闭式垃圾站，并对建筑垃圾按不可再利用垃圾与可再利用垃圾进行分别存放，对可循环利用的建筑垃圾进行再分类，建立相应的项目部台账。

2.8 低压电缆头制作、电线接线、线路绝缘测试安装施工

2.8.1 施工要点

1. 电缆头终端的制作安装应符合规范规定，绝缘电阻合格，电缆终端头固定牢固，总线与线鼻子压接牢固，线鼻子与设备螺栓连接紧密，相序正确，绝缘包扎严密（用手扳动和观察检查并记录）。

2. 电缆终端头的支架安装应符合规范规定。支架的安

装应平整，牢固成排的安装支架高度应一致，偏差不应大于5mm，间距均匀，排列整齐。

3. 弯曲电缆芯线时，其芯线弯曲半径符合规定的电缆芯线最小允许弯曲半径。

4. 电缆头的金属外壳、铠装、铅包及屏蔽层，均应做接地处理。

2.8.2 质量要点

1. 穿过零序电流互感器的电缆，其终端头的接地线与电缆一起贯穿互感器后再接地。

2. 敷设电缆线路工程交接验收及重包电缆头时应进行直流耐压和直流泄漏试验。

3. 线鼻子与总线截面必须配套，压接时模具规格与总线规格一致，压接数量不得小于二道；电缆总线与线鼻子压接紧固，防止搪锡焊接不牢。

4. 防止电缆芯线损伤。电工刀剥皮时，不宜用力过大，最好电缆总绝缘外皮不完全切透，里面电缆层应撕下，防止损伤总线。

5. 检查电缆头卡固是否端正，总线不宜过长或过短；电缆头卡固时，应注意找直、找正，不得歪斜。

6. 封焊电缆头施工时，火焰应均匀分布，不应损伤电缆绝缘层，未冷却时不得移动；封焊后应抹硬脂酸除去氧化层，铅封后应进行外观检查，封焊处不应有夹渣、裂缝，表面应光滑圆润。

2.8.3 质量验收

1. 主控项目

1）500V 以下的低压或特低电压配电线路线间和线对地间的绝缘电阻值不应小于 0.5MΩ，500V 以上的低压配电线路线间和线对地间的绝缘电阻值不应小于 1.0MΩ。矿物绝缘电缆线间和线对地间的绝缘电阻值应符合产品标准要求。检查数量按每检验批的线路数量抽查 20%，且不得少于 1 条线路，并应覆盖不同型号的电缆或电线。

2）电力电缆的铜屏蔽层和铠装护套及矿物电缆的金属护套和金属配件应采用铜绞线或镀锡铜编线与保护导体做连接，其连接导体的截面积不应小于表 2-8 的规定。当铜屏蔽层和铠装护套及矿物电缆的金属护套和金属配件作保护导体时，其连接导体的截面积应符合设计要求。

表 2-8　电缆终端保护连接导体的截面积（mm²）

电缆相导体截面积	保护连接导体截面积
16 及以下	与电缆导体截面相同
16 以上，且 120 及以下	16
150 及以上	25

3）电缆端子与设备或器具连接应符合设计或规范要求。

2. 一般项目

1）电缆头应可靠固定，不应使电器元器件或设备端子承受额外应力。

2）导线与设备或器具的连接应符合下列规定：

① 截面积在 10mm² 及以下的单股铜芯线和单股铝/铝合金芯线直接与设备或器具的端子连接。

② 截面积在 2.5mm² 及以下的多芯铜芯线拧紧搪锡或接续端子后与设备、器具的端子连接。

③ 截面积大于 2.5mm² 的多芯铜芯线，除设备自带插接端子外，应接续端子后与设备或器具的端子连接；多芯铜芯线与插接端子连接前，端部应拧紧搪锡。

④ 多芯铝芯线应接续端子后与设备、器具的端子连接，多芯铝芯线接续端子前应去除氧化层并涂抗氧化剂，连接完成后应清洁干净。

⑤ 每个设备和器具的端子接线不多于 2 根导线或 2 个导线端子。

3）截面积 6mm² 及以下的铜芯导线间的连接应采用导线连接器或缠绕搪锡连接。

4）绝缘导线、电缆的线芯连接金具（连接管和端子），其规格应与线芯的规格适配，且不得采用开口端子。

5）电线、电缆的回路标记应清晰，编号准确。

6）测试仪表的选择应根据被测试电缆的耐压强度确定。

2.8.4　安全与环保措施

1. 施工机械应符合现行行业标准 JGJ 33《建筑机械使用安全技术规程》及 JGJ 46《施工现场临时用电安全技术规范》的有关规定，施工中应定期对其进行检查、维修，保证机械使用安全。施工人员应经安全技术交底和安全文明施工教育后才可进入工地施工操作，施工现场应加强安全管理，安排专职安全巡逻员，设置黄沙桶、灭火器等消防设备。

2. 使用电动工具时，应核对电源电压，并安装漏电保护装置，使用前必须做空载试运转。在管道井或光线暗淡的地下室等地方施工时，照明电压不应超过 12V。

3. 带电作业时，工作人员必须穿绝缘鞋，并且至少两人作业，其中一人操作，另一人监护。设备通电调试前，必须检查线路接线是否正确，保护措施是否齐全，确认无误后方可通电调试。使用的靠梯、高凳、人字梯应完好，不应垫高使用。使用人字梯，其角度应在 60°左右，并用绳索扎牢，下端采取防滑措施。

4. 电缆线属于贵重物品，应存放在专用仓库中，并安排专人保管，避免阳光直射、高温。仓库应远离易燃物品仓库，并且库房周围 20m 以内禁止堆放易燃物品。建筑施工使用的材料宜就地取材，宜优先采用施工现场 500km 以内的施工材料。各种管道应平整的存放在仓库内，应设置垫木防止踩踏、变形等损伤。

5. 电缆头制作环境应干净卫生，无杂物，特别是应无易燃易爆物品，应认真、小心使用喷灯，防止火焰烤到不需加热部位。电缆头制作安装完成后，应工完场清，防止化学物品散落在现场。

6. 对施工现场场界噪声进行检测和记录，噪声排放不得超过国家标准。文明施工，工完场清，施工现场应安排专人清扫。

7. 施工现场应建立封闭式垃圾站，并对建筑垃圾按不可再利用垃圾与可再利用垃圾进行分别存放，对可循环利用的建筑垃圾进行再分类，建立相应的项目部台账。

2.9　普通灯具安装施工

2.9.1　施工要点

1. 安装灯具施工应在灯具安装后不能再进行施工的装饰工作全部结束后进行，并注意成品保护。

2. 相关回路管线敷设到位、穿线检查完毕，注意核对灯具的标称型号等参数是否符合要求，并应有产品合格证，且具有 CCC 安全认证标志。

3. 引向照明灯具使用的导线线芯最小截面应符合规定。

4. 电气照明灯具接线相位应准确，导线绝缘测试合格后方可灯具接线，高空安装的灯具应在地面通断电试验合格后安装。

2.9.2 质量要点

1. 灯具安装前检查，检查型号规格尺寸符合图纸设计要求、绝缘电阻符合要求。

2. 安装花灯等装饰性较强的灯具时应带好干净的纱手套，避免汗渍等污损灯具饰面。成排照明灯具应统一弹线定位、开孔，确保横平竖直。

3. 吊顶内的预装接线盒按点位完成，金属软管应预留至顶面灯具位置。

4. 照明灯具的高温部位，当靠近非 A 级装修材料时，应采取隔热、散热等防火保护措施。灯饰所用材料的燃烧性能等级不应低于 B1 级。

5. 安装在重要场所的大型灯具的玻璃罩，应有防止其碎裂后向下溅落的措施。

2.9.3 质量验收

1. 主控项目

1) 灯具的固定应符合下列规定：

① 灯具固定应牢固可靠，在砌体和混凝土结构上严禁使用木楔、尼龙塞或塑料塞固定；

② 质量大于 10kg 的灯具，固定装置及悬吊装置应按灯具重量的 5 倍恒定均布荷载做强度试验，且持续时间不得少于 15min。

2) 悬吊式灯具安装应符合下列规定：

① 带升降器的软线吊灯在吊线展开后，灯具下沿应高于工作台面 0.3m；

② 质量大于 0.5kg 的软线吊灯，灯具的电源线不应受力；

③ 质量大于 3kg 的悬吊灯具，固定在螺栓或预埋吊钩上，螺栓或预埋吊钩的直径不应小于灯具的挂销直径，且不应小于 6mm；

④ 当采用钢管作灯具吊杆时，其内径不应小于 10mm，壁厚不应小于 1.5mm；

⑤ 灯具与固定装置及灯具连接件之间采用螺纹连接的，螺纹啮合扣数不应少于 5 扣。

3）普通灯具、专用灯具的Ⅰ类灯具外露可导电部分必须采用铜芯软导线与保护导体可靠连接，连接处应设置接地标志，铜芯软导线的截面积应与进入灯具的电源线截面积相同。

4）吸顶或墙面上安装的灯具，其固定用的螺栓或螺钉不应少于 2 个，灯具应紧贴饰面。

5）除采用安全电压以外，当设计无要求时，敞开式灯具的灯头对地面距离应大于 2.5m。

2. 一般项目

1）引向单个灯具的绝缘导线截面积应与灯具功率相匹配，绝缘铜芯导线的线芯截面积不应小于 1mm²。

2）灯具的外形、灯头及其接线应符合下列规定：

① 灯具及其配件齐全，不应有机械损伤、变形、涂层剥落和灯罩破裂等缺陷；

② 软线吊灯的软线两端应做保护扣，两端线芯应搪锡；当装升降器时，应采用安全灯头；

③ 除敞开式灯具外，其他各类容量在 100W 及以上的灯具，引入线应采用瓷管、矿棉等不燃材料做隔热保护；

④ 连接灯具的软线应盘扣、搪锡压线，当采用螺口灯头时，相线应接于螺口灯头中间的端子上；

⑤ 灯座的绝缘外壳不应破损和漏电，带有开关的灯座，开关手柄应无裸露的金属部分。

3) 高低压配电设备、裸母线及电梯曳引机的正上方不应安装灯具。

4) 灯具表面及其附件的高温部位靠近可燃物时，应采取隔热、散热等防火保护措施。

5) 安装在重要场所的大型灯具的玻璃罩，应采取防止玻璃罩碎裂后向下溅落的措施。

6) 投光灯的底座及支架应固定牢固，枢轴应沿需要的光轴方向拧紧固定。

7) 露天安装的灯具应有泄水孔，且泄水孔应设置在灯具腔体的底部。灯具及其附件、紧固件、底座和与其相连的导管、接线盒等应有防腐蚀和防水措施。

8) 在人行道等人员来往密集场所安装的落地式景观照明灯具，当无围栏防护时，灯具离地面高度应大于 2.5m，其金属构架及金属保护管应分别与保护导体采用焊接或螺栓连接，连接处应设置接地标志。

2.9.4 安全与环保措施

1. 施工机械应符合现行行业标准 JGJ 33《建筑机械使用安全技术规程》及 JGJ 46《施工现场临时用电安全技术规范》的有关规定，施工中应定期对其进行检查、维修，保证机械使用安全。

2. 施工机械设备应按时保养、保修、检验，应选用高效节能电动机，选用噪声标准较低的施工机械、设备，对机械、设备采取必要的消声、隔振和减振措施。施工现场宜充分利用太阳能。

3. 施工人员应经安全技术交底和安全文明施工教育后才可进入工地施工操作，施工现场应加强安全管理，安排专职安全巡逻员，设置黄沙桶、灭火器等消防设备。施工现场应安排专人清扫。

4. 灯具属于贵重、易碎物品，应存放在专用仓库中，并安排专人保管，避免阳光直射、高温。仓库应远离易燃物品仓库，并且库房周围 20m 以内禁止堆放易燃物品。建筑施工使用的材料宜就地取材，宜优先采用施工现场 500km 以内的施工材料。

5. 灯具安装高度在 4m 以下可采用高凳或合梯等，在光滑地面上凳脚、梯脚应包防滑布，合梯的两扇间必须系好，距梯脚 40～60cm 处要拉绳防止劈开。合梯使用一人一梯，严禁两人同上一梯。凳梯上禁止放工具和材料。

6. 通电试验使用临时电源必须串接熔断器（熔丝熔断电流选择为 1.3 倍的工作电流）和漏电开关（漏电动作电流15mA），如遇故障停电后，应及时检查处理。

7. 灯具安装高度在 4m 以上应搭设脚手架，脚手架上满铺脚手板，操作人员应戴安全帽。脚手架搭设必须符合相应规定，并经责任人验收后才能使用。落地扣件式钢管脚手架在搭设前必须按照现行行业标准 JGJ 130《建筑施工扣件式钢管脚手架安全技术规范》进行设计计算，单独编制脚手架专项施工方案，并由项目技术负责人向施工人员和使用人员进行技术交底，其设计计算书与安全措施须经企业技术负责人审批。

8. 安装灯具后的包装纸带等不得随意乱丢，损坏的灯泡及灯管不得随意乱丢，应分类收集，存放在指定的容器和位置，统一处理。

2.10 开关、插座安装施工

2.10.1 施工要点

1. 安装开关插座前各种管路、盒子已经敷设完毕，部分内陷较大及错位严重无法调整的接线盒已整改完毕，且线路的导线已穿线完毕，并已做好绝缘摇测。

2. 各种开关、插座的规格型号必须符合设计要求，并有产品合格证和 CCC 安全认证标志。

3. 开关、插座接线应正确，不得漏接、错接。

4 开关、插座安装标高应符合设计要求，成排开关、插座要注意控制偏差量。

2.10.2 质量要点

1. 开关应关断相线，插座接线相序应符合规范规定。

2. 采用专用压接钳压接安全压接帽时应注意：

1）导线的剥线长度，以比压接帽内铜套长度略长 2～3mm 为宜。

2）压接时应选用与芯线相应的压接帽。

3）压接时用力应均匀，不得损伤压接帽绝缘层。

3. 卫生间、非封闭阳台应采用防溅型电源插座；空调、洗衣机、电热水器应采用带开关电源插座。

4. 同一室内同一标高开关插座安装高度偏差小于 5mm，同一墙面安装偏差小于 2mm，并列安装偏差小于 0.5mm。

2.10.3 质量验收

1. 主控项目

1）当交流、直流或不同电压等级的插座安装在同一场所时，应有明显的区别，插座不得互换；配套的插头应按交流、直流或不同电压等级区别使用。

2）不间断电源插座及应急电源插座应设置标志。

3）插座的接线面对插座，单相两孔插座右孔或上孔接相线，左孔或下孔应与中性导体（N）连接。单相三孔插座右孔接相线，左孔应与中性导体（N）连接，上孔接保护接地导体（PE）。单相三孔、三相四孔及三相五孔插座的保护接地导体（PE）应接在上孔。插座的保护接地导体端子不得与中性导体端子连接，同一场所的三相插座其接线相序应一致。

4）保护接地导体（PE）在插座之间不得串联连接。

5）相线与中性导体（N）不应利用插座本体的接线端子转接供电。

6）同一建筑物、构筑物的开关宜采用同一系列的产品，单控开关的通断位置应一致，且应操作灵活、接触可靠。

7）照明开关相线应经开关控制。

8）紫外线杀菌灯的开关应有明显标志，并应与普通照明开关的位置分开。

2．一般项目

1）安装的插座盒或开关盒应与饰面平齐，盒内干净整洁、无锈蚀，绝缘导线不得裸露在装饰层内；面板应紧贴饰面、四周无缝隙、安装牢固，表面光滑、无碎裂、无划伤、装饰帽（板）齐全。

2）插座安装应符合下列规定：

①插座安装高度应符合设计要求，同一室内相同规格并列安装的插座高度宜一致；

② 地面插座应紧贴饰面，盖板应固定、密封良好。

3）照明开关安装应符合下列规定：

① 照明开关安装高度应符合设计要求；

② 开关安装位置应便于操作，开关边缘距门框边缘的距离宜为 0.15～0.20m；

③ 相同型号并列安装高度宜一致，并列安装的拉线开关的相邻间距不宜小于 20mm。

2.10.4 安全与环保措施

参照"2.9 普通灯具安装施工"。

2.11 防雷接地施工安装

2.11.1 施工要点

1. 熟悉图纸，了解整个避雷接地系统施工要求，按设计图纸及规范施工。

2. 避雷针、避雷网采用圆钢或焊接钢管制成，并应是热镀锌件。

3. 避雷针、避雷网安装位置和高度按设计图纸。

4. 利用敷设在混凝土中的钢筋作为防雷装置，其钢筋直径和数量按设计要求施工。

5. 建筑物沿四周设均压环时，应与防雷引下线焊接，焊接符合规范要求。

6. 接地装置使用的材料必须是热镀锌的，材料报验必须合格。

7. 接地网及避雷网的布置安装必须符合设计及施工规范的要求。

8. 接地网及避雷网的焊接必须符合图集和规范的要求，

埋地人工接地网的接地连接焊口及外露焊口进行防腐处理且无遗漏。

9. 测试接地装置的接地电阻值必须符合设计要求，防雷符合设计及规范要求。

10. 接地测试点按设计要求位置设置。

11. 焊接、搭接符合规范要求，焊接处油漆防腐到位。

12. 避雷引下线，固定牢固、支持件间距均匀。

13. 设计要求接地的金属框架、构件、建筑物金属门窗栏杆等按设计要求接地到位。

14. 根据设计要求正确设置等电位接地，连接处螺帽紧固，防松零件齐全。

15. 接地干线连接形成环形网络，支线间不应串联连接。

2.11.2 质量要点

1. 进场材料必须进行报验，材料有合格证、质保书且合格。

2. 外观检查镀锌质量合格。

3. 接地装置安装施工作业符合图纸及规范的要求，横平竖直感观好。

4. 监督接地电阻测试，必须符合设计及规范的要求。

5. 检查接地的隐蔽及隐蔽工程记录。

6. 检查避雷针制作及外观质量，核对图纸，应符合设计和规范要求。

7. 在现场进行实测，避雷针的长度、安装的垂直度等。

8. 避雷带及其支持件安装应位置正确，固定牢固，防腐良好。避雷带规格应符合要求。支持件用手扳动检查是否有松动。

9. 避雷带及其引下线安装应成一条直线。支持件在转角处应对称，直线段间距应平均一致，避雷带应无弯曲或高低起伏现象，观察和实测检查。

10. 接地测试点位置正确，盒内接地扁钢及螺栓安装齐全。

11. 核对设计图对防雷接地电阻的要求，核对接地电阻测试记录，有疑问时应进行复测。

2.11.3 质量验收

1. 主控项目

1）除设计要求外，兼做引下线的承力钢结构构件、混凝土梁/柱内钢筋与钢筋的连接，应采用土建施工的绑扎法或螺丝扣的机械连接，严禁热加工连接。

2）接地装置在地面以上的部分，应按设计要求设置测试点，测试点不应被外墙饰面遮蔽，且应有明显标志。

3）测试接地装置的接地电阻值应符合设计要求。

4）防雷接地的人工接地装置的接地干线埋设，经人行通道处埋地深度不应小于1m，且应采取均压措施或在其上方铺设卵石或沥青地面。

5）当接地电阻达不到设计要求需采取措施降低接地电阻时，可采用降阻剂、换土、人工接地体外延、接地模块等方法。当采用接地模块时，接地模板顶面埋深不应小于0.6m，接地模块间距不应小于模块长度的3～5倍，接地模块埋设基坑，宜为模块外形尺寸的1.2～1.4倍，且应详细记录开挖深度内的地层情况，接地模块应垂直或水平就位，并应保持与原土层接触良好。

6）变压器室、高低压开关室内的接地干线应有不少于2处与接地装置引出干线连接。

7）当利用金属构件、金属管道做接地线时，应在构件或管道与接地干线间焊接金属跨接线。

8）建筑物顶部的避雷针、避雷带等必须与顶部外露的其他金属物体连成一个整体的电气通路，且与避雷引下线连接可靠。

2. 一般项目

1）当设计无要求时，接地装置顶面埋设深度不应小于0.6m。圆钢、角钢及钢管接地极应垂直埋入地下，间距不应小于5m。接地装置的焊接应采用搭接焊，搭接长度应符合下列规定：

① 扁钢与扁钢搭接为扁钢宽度的 2 倍，不少于三面施焊；

② 圆钢与圆钢搭接为圆钢直径的 6 倍，双面施焊；

③ 圆钢与扁钢搭接为圆钢直径的 6 倍，双面施焊；

④ 扁钢与钢管，扁钢与角钢焊接，紧贴角钢外侧两面或紧贴 3/4 钢管表面，上下两侧施焊；

⑤除埋设在混凝土中的焊接接头外，有防腐措施。

2）当设计无要求时，接地装置的材料采用钢材，热浸镀锌处理，最小允许规格、尺寸应符合表 2-9 的规定。

表 2-9　最小允许规格、尺寸

种类、规格及单位		敷设位置及使用类别			
		地上		地下	
		室内	室外	交流电流回路	直流电流回路
圆钢直径（mm）		6	8	10	12
扁钢	截面积（mm²）	60	100	100	100
	厚度（mm）	3	4	4	6

种类、规格及单位	敷设位置及使用类别			
	地上		地下	
	室内	室外	交流电流回路	直流电流回路
角钢厚度（mm）	2	2.5	4	6
钢管管壁厚度（mm）	2.	2.5	3.5	4.5

3）明敷接地引下线及室内接地干线的支持件高度不宜小于150mm，能承受49N的垂直拉力。安装于地面至20m以下垂直面上的垂直导体固定支架间距为1m，其余扁形导体固定支架间距为0.5m，圆形导体固定支架间距为1m。

4）变配电室内明敷接地干线安装应符合下列规定：

① 便于检查，敷设位置不妨碍设备的拆卸与检修；

② 当沿建筑物墙壁水平敷设时，距地面高度250～300mm；与建筑物墙壁间的间隙10～15mm；

③ 当接地线跨越建筑物变形缝时，设补偿装置；

④ 接地线表面沿长度方向，每段为15～100mm，分别涂以黄色和绿色相间的条纹；

⑤ 变压器室、高压配电室的接地干线上应设置不少于2个供临时接地用的接线柱或接地螺栓。

5）设计要求接地的幕墙金属框架和建筑物的金属门窗，应就近与接地干线连接可靠，连接处不同金属间应有防电化学腐蚀措施。

2.11.4　安全与环保措施

1. 施工机械应符合现行行业标准 JGJ 33《建筑机械使用安全技术规程》及 JGJ 46《施工现场临时用电安全技术规范》的有关规定，施工中应定期对其进行检查、维修，保证机械使用安全。施工人员应经安全技术交底和安全文明施工教育后才可进入工地施工操作，施工现场应加强安全管理，安排专职安全巡逻员，设置黄沙桶、灭火器等消防设备。

2. 使用电动工具时，应核对电源电压，并安装漏电保护装置，使用前必须做空载试运转。在管道井或光线暗淡的地下室等地方施工时，照明电压不应超过 12V。

3. 使用电焊焊接时，应远离易燃易爆的物体。焊接时应用铁板遮挡焊星飞溅，防止烧坏建筑成品并配备灭火器。

4. 使用电动机具，必须有可靠的接地线，与供电系统的保护接地线可靠连接，施工机械应符合现行行业标准 JGJ 33《建筑机械使用安全技术规程》及 JGJ 46《施工现场临时用电安全技术规范》的有关规定。

5. 搬运材料、机具、设备时，应小心谨慎，防止碰撞损坏土建及装修的完成面，同时注意人身安全。

6. 使用机械时产生的噪声，要有防止扩散措施，排放不得超过国家标准。

7. 施工现场保持清洁，做到工完场清。

2.12 建筑物等电位连接

2.12.1 施工要点

1. 等电位装置使用的材料必须是热镀锌的，材料报验必须合格。

2. 建筑物电源进线处应做总等电位连接，各个总等电位连接端子板应相联通。总等电位箱安装在进线配电柜或箱近旁。

3. 总等电位连接端子板应将进户配电箱的接地母排、公共设施的金属管道、建筑物金属结构、接地极等导电部分汇流互相联通。

4. 等电位连接圆钢或扁钢搭接长度符合接地装置搭接规范要求。

2.12.2 质量要点

1. 建筑物等电位连接安装应按施工设计图纸要求施工。

2. 用作等电位连接的主干线与总等电位箱，应有不少于2处与接地装置直接连接。

3. 辅助等电位连接干线或辅助局部等电位之间的连接线形成环形网路，环形网路应就近与等电位连接总干线或局部等电位箱连接。

4. 用25mm×4mm镀锌扁钢或ϕ12mm镀锌圆钢作为等电位连接的总干线，按施工图设计的位置与接地体直接连接，不得少于2处。

5. 等电位连接完成后进行导通性测试应符合设计及规范要求。

2.12.3 质量验收

1. 主控项目

1) 建筑物等电位连接的范围、形式、方法、部位及连接导体的材料和截面积应符合设计要求。

2) 需做等电位连接的外露可导电部分或外界可导电部分的连接应可靠。采用焊接时，应符合现行国家标准GB 50303《建筑电气工程施工质量验收规范》第22.2.2条的规定；采用螺栓连接时，应符合现行国家标准GB 50303《建筑电气工程施工质量验收规范》第23.2.1条第2款的规定，其螺栓、垫圈、螺母等应为热镀锌制品，且应连接牢固。

2. 一般项目

1）需做等电位连接的卫生间内金属部件或零件的外界可导电部分，应设置专用接线螺栓与等电位连接导体连接，并应设置标志；连接处螺帽应紧固、防松零件应齐全。

2）当等电位连接导体在地下暗敷时，其导体间的连接不得采用螺栓连接。

2.12.4 安全与环保措施

1. 施工机械应符合现行行业标准 JGJ 33《建筑机械使用安全技术规程》及 JGJ 46《施工现场临时用电安全技术规范》的有关规定，施工中应定期对其进行检查、维修，保证机械使用安全。施工人员应经安全技术交底和安全文明施工教育后才可进入工地施工操作，施工现场应加强安全管理，安排专职安全巡逻员，设置黄沙桶、灭火器等消防设备。

2. 使用电动工具时，应核对电源电压，并安装漏电保护装置，使用前必须做空载试运转。在管道井或光线暗淡的地下室等地方施工时，照明电压不应超过12V。

3. 使用电焊焊接时，应远离易燃易爆的物体。焊接时应用铁板遮挡焊星飞溅，防止烧坏建筑成品并配备灭火器。

4. 使用电动机具，必须有可靠的接地线，与供电系统的保护接地线可靠连接，施工机械应符合现行行业标准 JGJ 33《建筑机械使用安全技术规程》及 JGJ 46《施工现场临时用电安全技术规范》的有关规定。

5. 搬运材料、机具、设备时，应小心谨慎，防止碰撞损坏土建及装修的完成面，同时注意人身安全。

6. 使用机械时产生的噪声，要有防止扩散措施，排放不得超过国家标准。

7. 施工现场保持清洁，做到工完场清。

第3章　通风与空调工程

3.1　风管制作

3.1.1　施工要点

1. 制作时所使用的各种风管材料、型钢材料应具有出厂合格证或质量证明文件，制作风管及配件的板材厚度应符合设计要求。

2. 风管所用的镀锌薄钢板表面不得有裂纹、结疤及水印等缺陷，应有镀锌层结晶花纹；不锈钢板材应具有高温下耐酸、耐碱的抗腐蚀能力，板面不得有划痕、刮伤、锈斑和凹穴等缺陷；铝板材应具有良好的塑性、导电、导热性能及耐腐蚀性能，表面不得有划痕及磨损。

3. 塑料板材的表面应平整，不得含有气泡、裂缝，板材的厚薄应均匀，无离层等现象。非金属与复合风管材料符合相关产品技术标准，板材、胶粘剂的性能满足制作要求，与风管系统功能相匹配。

3.1.2　质量要点

1. 金属风管制作时管片压口前要倒角，咬口重叠处翻边铲平，四角不应出现豁口，以免法兰翻边四角漏风。

2. 硬聚氯乙烯风管制作要考虑收缩量随加热时间变化，每批板材下料前先做试验，定出收缩量，以免管径不合适，焊接时相邻纵缝交错排列。

3. 施工时，不锈钢板、铝板要立靠在木架上，不要平叠，以免拖动时刮伤表面。下料时应使用不产生划痕的画线工具，操作时应使用木槌或有胶皮套的锤子，不得使用铁锤，以免落锤点产生锈斑。

4. 成品保护措施应包括：

1) 成品金属风管露天放置时，应码放整齐，并应采取防雨措施，叠放高度不宜超过 2m；

2) 搬运金属风管时，应轻拿轻放，防止磕碰、摔损；

3) 非金属与复合风管在制作过程中及制作完成后应采取防护措施，避免风管划伤、损坏及水污染、浸泡；

4) 装卸、搬运风管时，应轻拿轻放，防止其覆面层破损；玻璃纤维复合风管和玻镁复合风管的运输、存放应采取防潮措施；

5) 风管堆放场地应有防尘、防雨措施，地面不应有泛潮或积水。

3.1.3 质量验收

1. 主控项目

1) 金属风管的材料品种、规格、性能与厚度等应符合设计和现行国家产品标准的规定。

2) 非金属风管的材料品种、规格、性能与厚度等应符合设计和现行国家产品标准的规定。

3) 防火风管的本体、框架与固定材料、密封垫料必须为不燃材料，其耐火等级应符合设计的规定。

4) 复合材料风管的覆面材料必须为不燃材料，内部的绝热材料应为不燃或难燃 B1 级且对人体无害的材料。

5) 风管加工质量应通过工艺性的检测或验证，强度和严密性要求应符合下列规定：

① 风管在试验压力保持 5min 及以上时，接缝处应无开裂，整体结构应无永久性的变形及损伤。低压风管试验压力应为 1.5 倍的工作压力，中压风管试验压力应为 1.2 倍的工作压力且不低于 750Pa，高压风管试验压力应为 1.2 倍的工作压力。

② 矩形金属风管的严密性检验，在工作压力下的风管允许漏风量应符合以下规定：

低压系统风管：$Q_l \leqslant 0.1056P^{0.65}$ (3-1)

中压系统风管：$Q_m \leqslant 0.0352P^{0.65}$ (3-2)

高压系统风管：$Q_h \leqslant 0.0117P^{0.65}$ (3-3)

式中 Q_l、Q_m、Q_h——系统风管在相应工作压力下的允许漏风量$[m^3/(h \cdot m^2)]$；

        P——风管系统的工作压力（Pa）。

③ 低压、中压圆形金属风管、复合材料风管以及采用非法兰形式的非金属风管的允许漏风量，应为矩形金属风管规定值的 50%。

④ 砖、混凝土风道的允许漏风量不应大于矩形金属低压系统风管规定值的 1.5 倍。

⑤ 排烟、除尘、低温送风及变风量空调系统风管的严密性应符合中压系统风管的规定，空气洁净等级为 N1～N5 级净化空调系统风管的严密性应符合高压系统风管的规定。

⑥ 风管系统工作压力绝对值不大于 125Pa 的微压风管，在外观和制造工艺检验合格的基础上，不需进行漏风量的验证测试。

6）金属风管的连接应符合下列规定：

① 风管板材拼接的咬口缝应错开，不得有十字形拼接缝。

② 金属风管法兰材料规格不应小于表 3-1 或表 3-2 的规定。微压、低压、中压系统风管法兰的螺栓及铆钉孔的孔距不得大于 150mm；高压系统风管不得大于 100mm。矩形风管法兰的四角部位应设有螺孔。

表 3-1 金属圆形风管法兰及螺栓规格 （mm）

风管直径 D	法兰材料规格		螺栓规格
	扁钢	角钢	
D≤140	20×4	—	M6
140<D≤280	25×4	—	
280<D≤630	—	25×3	
630<D≤1250	—	30×4	M8
1250<D≤2000	—	40×4	

表 3-2 金属矩形风管法兰及螺栓规格 （mm）

钢管长边尺寸 b	法兰材料规格 （角钢）	螺栓规格
b≤630	25×3	M6
630<b≤1500	30×3	M8
1500<b≤2500	40×4	
2500<b≤4000	50×5	M10

③ 当采用加固方法提高了风管法兰部位的强度时，其法兰材料规格相应的使用条件可适当放宽。无法兰连接风管的薄钢板法兰高度应参照金属法兰风管的规定执行。

7) 非金属（硬聚氯乙烯、玻璃钢）风管的连接还应符合下列规定：

① 法兰的规格应分别符合表 3-3～表 3-5 的规定，其螺栓孔的间距不得大于 120mm；矩形风管法兰的四角处，应设有螺孔；

表 3-3　硬聚氯乙烯圆形风管法兰规格（mm）

风管直径 D	材料规格（宽×厚）	连接螺栓	风管直径 D	材料规格（宽×厚）	连接螺栓
D≤180	35×6	M6	800<D≤1400	40×12	M10
180<D≤400	35×8		1400<D≤1600	50×15	
400<D≤500	35×10	M8	1600<D≤2000	60×15	
500<D≤800	40×10		D>2000	按设计	

表 3-4　硬聚氯乙烯矩形风管法兰规格（mm）

风管边长 b	材料规格（宽×厚）	连接螺栓	风管边长 b	材料规格（宽×厚）	连接螺栓
b≤160	35×6	M6	800<b≤1250	45×12	M10
160<b≤400	35×8	M8	1250<b≤1600	50×15	
400<b≤500	35×10		1600<b≤2000	60×18	
500<b≤800	40×10	M10	b>2000	按设计	

表 3-5　玻璃钢风管法兰规格（mm）

风管直径 D 或风管边长 b	材料规格（宽×厚）	连接螺栓
D（b）≤400	30×4	M8
400<D（b）≤1000	40×6	
1000<D（b）≤2000	50×8	M10

② 采用套管连接时，套管厚度不得小于风管板材厚度。

8）复合材料风管采用法兰连接时，法兰与风管板材的连接应可靠，其绝热层不得外露，不得采用降低板材强度和绝热性能的连接方法。

9）砖、混凝土风道的变形缝，应符合设计要求，不应渗水和漏风。

10）金属风管的加固应符合下列规定：

① 直咬缝圆形风管直径大于等于 800mm，且其管段长度大于 1250mm 或总表面积大于 4m²，均应采取加固措施，用于高压系统的螺旋风管，直径大于 2000mm 时应采取加固措施；

② 矩形风管边长大于 630mm，或矩形保温风管边长大于 800mm，管段长度大于 1250mm，或低压风管单边平面面积大于 1.2m²、中/高压风管大于 1.0m²，均应有加固措施；

③ 非规则椭圆风管的加固，应参照矩形风管执行。

11）非金属风管的加固应符合下列规定：

① 硬聚氯乙烯风管的直径或边长大于 500mm 时，其风管与法兰的连接处应设加强板，且间距不得大于 450mm；

② 玻璃钢风管的加固，应为本体材料或防腐性能相同的材料，加固件应与风管成为整体。

12）净化空调系统风管还应符合下列规定：

① 风管内表面应平整、光滑，管内不得设有加固框或加固筋。

② 风管不得有横向拼接缝，矩形风管底边宽度小于或等于 900mm 时，底面不得有拼接缝；大于 900mm 且小于等于 1800mm 时，底面拼接缝不得多于 1 条；大于 1800mm 且小于等于 2700mm 时，底面拼接缝不得多于 2 条。

③ 风管所用的螺栓、螺母、垫圈和铆钉的材料应与管材性能相适应，不应产生电化学腐蚀。

④ 当空气洁净度等级为 N1～N5 级时，风管法兰的螺栓及铆钉孔的间距不应大于 80mm；当空气洁净度等级为 N6～N9 级时，不应大于 120mm，不得采用抽芯铆钉。

⑤ 矩形风管不得使用 S 形插条及直角形插条连接。边长大于 1000mm 的净化空调系统，无相应的加固措施，不得使用薄钢板法兰弹簧夹连接。

⑥ 空气洁净度等级为 N1～N5 级的净化空调系统风管，不得采用按扣式咬口连接。

⑦ 风管制作完毕后应清洗，清洗剂不应对人体、管材和产品等产生危害。

2. 一般项目

1）金属法兰连接风管的制作应符合下列规定：

① 风管与配件的咬口缝应紧密，宽度应一致，折角应平直，圆弧应均匀，且两端面应平行。风管不应有明显扭曲与翘角，表面应平整，凹凸不应大于 10mm。

② 风管外径或外边长的允许偏差：当小于或等于 300mm 时，不应大于 2mm；当大于 300mm 时，不应大于 3mm。管口平面度的允许偏差不应大于 2mm；矩形风管两条对角线长度之差不应大于 3mm；圆形法兰任意两直径之差不应大于 3mm。

③ 焊接风管的焊缝应平整，不应有裂缝、凸瘤、穿透的夹渣、气孔及其他缺陷等，焊接后板材的变形应矫正，并将焊渣及飞溅物清除干净。

④ 风管法兰的焊缝应熔合良好、饱满，无假焊和孔洞，法兰外径或外边长及平面度的允许偏差为 2mm，同一批量加工的相同规格法兰的螺孔排列应一致，并应具有互换性。

⑤ 风管与法兰采用铆接连接时，铆接应牢固，不应有脱铆和漏铆现象；翻边应平整，紧贴法兰，其宽度应一致，且不应小于 6mm；咬缝及矩形风管的四角处不应有开裂与孔洞。

⑥ 风管与法兰采用焊接连接时，焊缝应低于法兰的端面。除尘系统风管宜采用内侧满焊、外侧间断焊形式。当风管与法兰采用点焊固定连接时，焊点应融合良好，间距不应大于 100mm；法兰与风管应紧贴，不应有穿透的缝隙或孔洞。

⑦ 镀锌钢板风管表面不得有 10％以上的白花、锌层粉化等镀锌层严重损坏的现象。

⑧ 当不锈钢板或铝板风管的法兰采用碳素钢时，其材料规格应符合规范要求，并应根据设计要求做防腐处理；铆钉应采用与风管材质相同或不产生电化学腐蚀的材料。

2）无法兰连接风管的制作应符合下列规定：

① 圆形风管无法兰连接形式应符合表 3-6 的要求。矩形风管无法兰连接形式应符合表 3-7 的要求。

② 薄钢板法兰矩形风管的接口及附件，其尺寸应准确，形状应规则，接口处应严密；薄钢板法兰的折边（或法兰条）应平直，弯曲度不应大于 5‰；弹性插条或弹簧夹应与薄钢板法兰折边宽度相匹配；弹簧夹的厚度应大于等于 1mm，且不应小于风管本体厚度。角件与风管薄钢板法兰四角接口的固定应稳固紧贴，端面应平整，相连处不应有大于 2mm 的连续穿透缝，角件的厚度不应小于 1mm 及风管本体厚度。薄钢板法兰弹簧夹连接风管，边长不宜大于 1500mm。当对法兰采用相应的加固措施时，风管边长不得大于 2000mm。薄钢板法兰矩形风管不得用于高压风管。

③ 采用 C、S 形插条连接的矩形风管，其边长不应大于 630mm；插条与风管加工插口的宽度应匹配一致，其允许偏差为 2mm；连接应平整、严密，四角端部固定折边长度不应小于 20mm。

④ 采用立咬口、包边立咬口连接的矩形风管，其立筋的高度应大于或等于同规格风管的角钢法兰宽度。同一规格风管的立咬口、包边立咬口的高度应一致，折角应倾角有棱线，弯曲度允许偏差为 5‰；咬口连接铆钉的间距不应大于150mm，间隔应均匀；立咬口四角连接处的铆固应紧密，接缝应平整，且不应有孔洞。

表 3-6　圆形风管无法兰连接形式

序号	无法兰连接形式		附件板厚	接口要求	使用范围
1	承插连接		—	插入深度≥30mm，有密封措施	直 径 ＜700mm，微压、低压风管
2	带加强筋承插		—	插入深度≥20mm，有密封措施	微压、低压、中压风管
3	角钢加固承插		—	插入深度≥20mm，有密封措施	微压、低压、中压风管
4	芯管连接		≥管板厚	插入深度≥20mm，有密封措施	微压、低压、中压风管
5	立筋抱箍连接		≥管板厚	板边与楞筋匹配一致，紧固严密	微压、低压、中压风管
6	抱箍连接		≥管板厚	对口尽量靠近不重叠，抱箍应居中，宽度≥100mm	直 径 ＜700mm，微压、低压风管

表 3-7　常用矩形风管无法兰连接形式

序号	无法兰连接形式		附件板厚（mm）	使用范围
1	S形插条		≥0.7	微压、低压风管，单独使用连接处必须有固定措施
2	C形插条		≥0.7	微压、低压、中压风管
3	立插条		≥0.7	微压、低压、中压风管
4	立咬口		≥0.7	微压、低压、中压风管
5	包边立咬口		≥0.7	微压、低压、中压风管
6	薄钢板法兰插条		≥1.0	微压、低压、中压风管
7	薄钢板法兰弹簧夹		≥1.0	微压、低压、中压风管
8	直角型平插条		≥0.7	微压、低压风管

⑤ 圆形风管的芯管连接应符合表 3-8 的要求。

表 3-8　圆形风管的芯管连接

直径 D（mm）	芯管长度 L（mm）	自攻螺丝或抽芯铆钉数量（个）	直径允许偏差（mm）	
			圆管	芯管
120	120	3×2	−1～0	−3～−4
300	160	4×2		
400	200	4×2	−2～0	−4～−5
700	200	6×2		
900	200	8×2		
1000	200	8×2		
1120	200	10×2		
1250	200	10×2		
1400	200	12×2		

⑥ 非规则椭圆风管可采用法兰与无法兰连接形式，质量要求应符合相应连接形式的规定。

3）风管的加固应符合下列规定：

① 风管的加固可采用角钢加固、立咬口加固、楞筋加固、扁钢内支撑、螺杆内支撑和钢管内支撑等形式。

② 楞筋（线）的排列应规则，间隔应均匀，最大间距应为 300mm，板面应平整，凹凸变形（不平度）不应大于 10mm。

③ 角钢或采用钢板折成加固筋的高度应小于或等于风管的法兰高度，加固排列应整齐均匀。与风管的铆接应牢固、最大间隔不应大于 220mm；各条加固筋的相交处或加固筋与法兰相交处宜连接固定。

④ 管内支撑与风管的固定应牢固，穿管壁处应采取密封措施。各支撑点之间或支撑点与风管的边沿或法兰间的距离应均匀，且不应大于 950mm。

⑤ 当中压、高压系统风管管段长度大于 1250mm 时，应采取加固框补强措施。高压系统金属风管的单咬口缝，还应采取防止咬口缝胀裂的加固或补强措施。

4) 硬聚氯乙烯风管的制作应符合下列规定：

① 风管两端面应平行，不应有扭曲，外径或外边长的允许偏差不应大于 2mm，表面应平整、圆弧应均匀，凹凸不应大于 5mm。

② 焊缝的坡口形式和角度应符合表 3-9 的规定。

表 3-9　焊缝形式及坡口

焊缝形式	图示	焊缝高度 (mm)	板材厚度 (mm)	焊缝坡口 角度 α (°)	适用范围
V 形对接焊缝		2～3	3～5	70～90	单面焊的风管
X 形对接焊缝		2～3	≥5	70～90	风管法兰及厚板的搭接
搭接焊缝		≥最小板厚	3～10	—	风管或配件的加固
角焊缝 （无坡口）		2～3	6～18	—	
		≥最小板厚	≥3	—	风管配件的角焊

焊缝形式	图示	焊缝高度 （mm）	板材厚度 （mm）	焊缝坡口 角度 α（°）	适用范围
V形单面 角焊缝	1～1.5 α	2～3	3～8	70～90	风管角 部焊接
V形双面 角焊缝	3～5 α	2～3	6～15	70～90	厚壁风管 角部焊接

③ 焊缝应饱满，排列应整齐，不应有焦黄断裂现象。

④ 矩形风管的四角可采用煨角或焊接连接。当采用煨角连接时，纵向焊缝距煨角处宜大于80mm。

5）有机玻璃钢风管的制作应符合下列规定：

① 风管两端面应平行，内表面应平整光滑，无气泡，外表面应整齐，厚度应均匀，且边缘处不应有毛刺及分层现象。

② 风管的外径或外边长尺寸的允许偏差不应大于3mm；圆形风管的任意正交两直径之差应不大于5mm；矩形风管的两对角线之差不应大于5mm。

③ 法兰应与风管成一整体，并应有过渡圆弧，并与风管轴线成直角，管口平面度的允许偏差应不大于3mm；螺孔的排列应均匀，至管口的距离应一致，允许偏差不应大于2mm。

④ 矩形玻璃钢风管的边长大于900mm，且管段长度大于1250mm时应加固。加固筋的分布应均匀整齐。

6）无机玻璃钢风管应符合下列规定：

① 风管的表面应光洁、不应有多处目测到的泛霜和分层现象。

② 风管的外形尺寸的允许偏差应符合表 3-10 的规定。

③ 风管法兰制作的规定与有机玻璃钢法兰相同。

表 3-10　无机玻璃钢风管外形尺寸（mm）

直径 D 或大边长 b	矩形风管表面不平度	矩形风管管口对角线之差	法兰平面的不平度	圆形风管两直径之差
$D(b) \leqslant 300$	$\leqslant 3$	$\leqslant 3$	$\leqslant 2$	$\leqslant 3$
$300 < D(b) \leqslant 500$	$\leqslant 3$	$\leqslant 4$	$\leqslant 2$	$\leqslant 3$
$500 < D(b) \leqslant 1000$	$\leqslant 4$	$\leqslant 5$	$\leqslant 2$	$\leqslant 4$
$1000 < D(b) \leqslant 1500$	$\leqslant 4$	$\leqslant 6$	$\leqslant 3$	$\leqslant 5$
$1500 < D(b) \leqslant 2000$	$\leqslant 5$	$\leqslant 7$	$\leqslant 3$	$\leqslant 5$

7）砖、混凝土风道内表面水泥砂浆应抹平整、无裂缝，不渗水。

8）圆形弯管的曲率半径（以中心线计）和最少分节数量应符合表 3-11 的规定。圆形弯管的弯曲角度及圆形三通、四通支管与总管夹角的制作偏差应不大于 3°。

表 3-11　圆形弯管曲率半径和最少节数

弯管直径 D（mm）	曲率半径 R（mm）	弯管角度和最少节数							
		90°		60°		45°		30°	
		中节	端节	中节	端节	中节	端节	中节	端节
80～220	$\geqslant 1.5D$	2	2	1	2	1	2	—	2
220～450	$D \sim 1.5D$	3	2	2	2	1	2	—	2
480～800	$D \sim 1.5D$	4	2	2	2	1	2	1	2
850～1400	D	5	2	3	2	2	2	1	2
1500～2000	D	8	—	5	2	3	2	2	2

9）矩形风管弯管宜采用曲率半径为一个平面边长，内外同心弧的形式。当采用其他形式的弯管，且平面边长大于500mm时，应设置弯管导流片。

10）复合材料风管及法兰的允许偏差应符合表3-12的规定。

表3-12　复合材料风管及法兰允许偏差（mm）

直径 D 或 长边尺寸 b	允许偏差				
	边长或 直径偏差	矩形风管 表面平 面度	矩形风管 端口对 角线之差	法兰或端 口平面度	圆形法兰 任意正交 两直径之差
$D(b) \leqslant 320$	± 2	$\leqslant 3$	$\leqslant 3$	$\leqslant 2$	$\leqslant 3$
$320 < D(b) \leqslant 2000$	± 3	$\leqslant 5$	$\leqslant 4$	$\leqslant 4$	$\leqslant 5$

11）双面铝箔复合绝热材料风管的制作应符合下列规定：

①　风管的折角应平直，两端面应平行，允许偏差应符合表3-12的规定。

②　板材拼接应平整，凹凸不大于5mm，无明显变形、起泡和铝箔破损。

③　风管长边大于1600mm时，板材拼接应采用H形PVC或铝合金加固条。

④　边长大于320mm的矩形风管采用插条连接时，四角处应粘贴直角垫片，插接连接件与风管粘结应牢固，插条连接件应互相垂直，插接连接件间隙不应大于2mm。

⑤　风管采用法兰连接时，风管与法兰的连接应牢固。

⑥　矩形弯管的圆弧面采用机械压弯成型制作时，轧压深度不宜超过5mm。圆弧面成型后，应对轧压处的铝箔划

痕密封处理。

⑦ 聚氨酯铝箔复合材料风管或酚醛铝箔复合材料风管，内支撑加固的镀锌螺杆直径不应小于8mm，穿管壁处应进行密封处理。

12）净化空调系统风管应符合下列规定：

① 咬口缝处所涂密封胶宜在正压侧。

② 镀锌钢板风管的咬口缝、折边和铆接等处有损伤时，应进行防腐处理。

③ 镀锌钢板风管的镀锌层不应有多处或10%表面积的损伤、粉化脱落等现象。

④ 风管清洗达到清洁要求后，应对端部进行密闭封堵，并应存放在清洁的房间。

⑤ 静压箱本体、箱内高效边滤器的固定框架及其他固定件应为镀锌、镀镍件或其他防腐件。

3.1.4 安全与环保措施

1. 施工机械应符合现行行业标准 JGJ 33《建筑机械使用安全技术规程》及 JGJ 46《施工现场临时用电安全技术规范》的有关规定，施工中应定期对其进行检查、维修，保证机械使用安全。

2. 施工机械设备应按时保养、保修、检验，应选用高效节能电动机，选用噪声标准较低的施工机械、设备，对机械、设备采取必要的消声、隔振和减振措施。施工现场宜充分利用太阳能。

3. 施工人员应经安全技术交底和安全文明施工教育后才可进入工地施工操作，施工现场应加强安全管理，安排专职安全巡逻员，设置黄沙桶、灭火器等消防设备。施工现场应安排专人洒水、清扫，制作场地应划分安全通道、操作加工和产品堆放区域。

4. 使用四氯化碳等有毒溶剂对铝板除油时，应注意在露天进行；若在室内应开启门窗或采取机械通风。制作工序中使用的胶粘剂应妥善存放，注意防火且不得在阳光下曝晒。失效的胶粘剂及空的胶粘剂容器不得随意抛弃或燃烧，应集中堆放处理。

5. 仓库应远离易燃物品仓库，并且库房周围 20m 以内禁止堆放易燃物品。建筑施工使用的材料宜就地取材，宜优先采用施工现场 500km 以内的施工材料。

6. 操作前检查所有工具，特别是使用木槌、钣金、大锤之前，应检查锤柄是否牢靠。打大锤时，严禁戴手套，并注意四周人员和锤头起落范围有无障碍物。施工机械运行开车前应检查各系统是否良好，下班后应切断电源，电源箱应上锁。当天施工结束后的剩余材料及工具应及时入库，不许随意放置。

7. 机床外露的传动轴、传动带、齿轮、皮带轮等必须装保护罩；机床应有良好的接地。转动机械的操作人员应穿工作服并扎紧袖口，工作时不得戴手套，长发、发辫应盘入帽内；镀锌钢板、不锈钢及铝板等材料的卸车、使用时，应佩戴手套，防止划伤手指。

8. 现场分散加工应采取防雨、雪、大风等措施。

9. 加工过程中产生的边角余料应充分利用，剩余废料应集中堆放和处理。

10. 制作加工非金属和复合风管时，制作人员应戴口罩，制作场地应通风。

3.2 风机安装施工

3.2.1 施工要点

1. 风机安装前,应在基础表面铲出麻面,以使二次浇灌的混凝土或水泥砂浆能与基础紧密结合。

2. 风机安装在无减震器支架上,应垫上 4～5mm 厚的橡胶板,找平找正后固定牢固;风机安装在有减震器的机座上时,地面要平整,各组减震器承受的荷载压缩量应均匀,不偏心,安装后采取保护措施,防止损坏。

3. 风机与电动机的传动装置外露部分应安装防护罩,风机的吸入口或吸入管直通人气时,应加装保护网或其他安全装置。

4. 风机吊装时,吊架及减振装置应符合设计及产品技术文件的要求。

3.2.2 质量要点

1. 风机运转前应确保两皮带轮找正,并在一条中线上,以免运转时皮带滑下或产生跳动。

2. 通风机的进排气管、阀件、调节装置应设有单独的支撑;各种管路与通风机连接时,法兰面应对中贴平,不应硬拉使设备受力。风机安装后,不应承受其他机件的重量。

3.2.3 质量验收

1. 主控项目

1) 通风机的安装应符合下列规定:

① 产品的性能、技术参数应符合设计要求,其出口方向应正确。

② 叶轮旋转应平稳,停转后不应停留在同一位置上。

③ 固定设备的地脚螺栓应拧紧，并有防松动措施。

④ 落地安装时，应按设计要求设置减震装置，并应制定防止设备水平位移的措施。

⑤ 悬挂安装时，吊架及减震装置应符合设计及产品技术文件的要求。

2）通风机传动装置的外露部位以及直通大气的进、出风口，必须装设防护罩、防护网或采取其他安全防护设施。

3）单元式与组合式空气处理设备的安装应符合下列规定：

① 产品的性能、技术参数和接口方向应符合设计要求。

② 现场组装的组合式空气调节机组应按现行国家标准GB/T 14294《组合式空调机组》的规定进行漏风量的检测。通用机组在700Pa静压下，漏风率不应大于2%；净化空调系统机组在1000Pa静压下，漏风率不应大于1%。

③ 应按设计要求设置减震支座或支、吊架，承重量应符合设计及产品技术文件的要求。

4）空调末端设备的安装应符合下列规定：

① 产品的性能、技术参数应符合设计要求。

② 风机盘管机组、变风量与定风量空调末端装置及地板送风单元等的安装，位置应正确，固定应牢固、平整，便于检修。

③ 风机盘管的性能复验应按现行国家标准《建筑节能工程施工质量验收规范》GB 50411 的规定执行。

④ 冷辐射吊顶安装固定应可靠，接管应正确、吊顶面应平整。

5）除尘器的安装应符合下列规定：

① 产品的性能、技术参数、进出口方向应符合设计

要求。

② 现场组装的除尘器壳体应进行漏风量检测,在设计工作压力下允许漏风率应小于 5%,其中离心式除尘器应小于 3%。

③ 布袋除尘器、静电除尘器的壳体及辅助设备接地应可靠。

④ 湿式除尘器与淋洗塔外壳不应渗漏,内侧的水幕、水膜或泡沫层成形应稳定。

6) 在净化系统中,高效过滤器应在洁净室(区)进行清洁,系统中末端过滤器前的所有空气过滤器应安装完毕,且系统应连续试运转 12h 以上,应在现场拆开包装并进行外观检查,合格后应立即安装。高效过滤器安装方向应正确,密封面应严密,并应按规范要求进行现场扫描检漏,且应合格。

7) 静电式空气净化装置的金属外壳必须与 PE 线可靠连接。

8) 电加热器的安装必须符合下列规定:

① 电加热器与钢构架间的绝热层必须采用不燃材料;外露的接线柱应加设安全防护罩。

② 电加热器的外露可导电部分必须与 PE 线可靠连接。

③ 连接电加热器的风管的法兰垫片,应采用耐热不燃材料。

9) 过滤吸收器的安装方向必须正确,并应设独立支架,与室外的连接管段不得有渗漏。

2. 一般项目

1) 通风机的安装应符合下列规定:

① 通风机安装允许偏差应符合表 3-13 的规定,叶轮转

子与机壳的组装位置应正确。叶轮进风口插入风机机壳进风口或密封圈的深度，应符合设备技术文件的规定，或为叶轮外径值的 1%。

表 3-13　通风机安装的允许偏差

项次	项目		允许偏差	检验方法
1	中心线的平面位移		10mm	经纬仪或拉线和尺量检查
2	标高		±10mm	水准仪或水平仪、直尺、拉线和尺量检查
3	皮带轮轮宽中心平面偏移		1mm	在主、从动皮带轮端面拉线和尺量检查
4	传动轴水平度		纵向 0.2‰ 横向 0.3‰	在轴或皮带轮 0°和 180°的两个位置上，用水平仪检查
5	联轴器	两轴芯径向位移	0.05mm	在联轴器互相垂直的四个位置上，用百分表检查
		两轴线倾斜	0.2‰	

② 轴流风机的叶轮与筒体之间的间隙应均匀，安装水平偏差和垂直度偏差均不应大于 1‰。

③ 减震器的安装位置应正确，各组或各个减振器承受荷载的压缩量应均匀一致，偏差应小于 2mm。

④ 风机的隔振钢支、吊架，结构形式和外形尺寸应符合设计或设备技术文件的要求。焊接应牢固，焊缝外部质量应符合规范要求。

⑤ 风机的进、出口不得承受外加的重量，连接的风管、阀件应设置独立的支、吊架。

2）空气风幕机的安装应符合下列规定：

①安装位置及方向应正确、固定应牢固可靠。

②机组的纵向垂直度与横向水平度的偏差均应为2‰。

③成排安装的机组应整齐，出风口平面允许偏差应为5mm。

3）单元式空调机组的安装应符合下列规定：

① 分体式空调机组的室外机和风冷整体式空调机组的安装固定应牢固可靠，并应满足冷却风自然进入的空间环境要求。

② 分体式空调机组的室内机安装位置应正确，并应保持水平，冷凝水排放应顺畅。管道穿墙处密封应良好，不应有雨水渗入。

4）组合式空调机组、新风机组的安装应符合下列规定：

① 组合式空调机组各功能段的组装应符合设计规定的顺序和要求，各功能段之间的连接应严密，整体应平整。

② 机组与供回水管的连接应正确，机组下部冷凝水排放管的水封高度应符合设计或设备技术文件的要求。

③ 机组和风管采用柔性短管连接时，柔性短管的绝热性能应符合风管系统的要求。

④ 机组应清扫干净，箱体内不应有杂物、垃圾和积尘。

⑤ 机组内空气过滤器（网）和空气热交换器翅片应清洁、完好，安装位置应便于维护和清理。

5）空气过滤器的安装应符合下列规定：

① 过滤器框架安装应平整牢固、方向应正确，框架与围护结构之间应严密。

② 粗效、中效袋式空气过滤器的四周与框架应均匀压紧，不应有可见缝隙，并应便于拆卸和更换滤料。

③ 卷绕式空气过滤器的框架应平整，上、下筒体应平

行，展开的滤料应松紧适度。

6）蒸汽加湿器的安装应符合下列规定：

① 加湿器应设独立支架，加湿器喷管与风管间应进行绝热、密封处理。

② 干蒸汽加湿器的蒸汽喷口不应朝下。

7）空气热回收器的安装位置及接管应正确，转轮式空气热回收器的转轮旋转方向应正确，运转应平稳，且不应有异常震动与响声。

8）风机盘管机组的安装应符合下列规定：

① 机组安装前宜进行风机三速试运转及盘管水压试验。试验压力为系统工作压力的 1.5 倍，试验观察时间为 2min，不渗漏为合格。

② 机组应设独立支、吊架，固定应牢固，高度与坡度应正确。

③ 机组与风管、回风箱或风口的连接，应严密可靠。

9）变风量、定风量末端装置安装时，应设独立支、吊架，与风管连接前宜做动作试验，且应符合产品的性能要求。

10）除尘器的安装应符合下列规定：

① 除尘器的安装位置应正确、固定应牢固平稳，允许误差和检验方法应符合表 3-14 的规定。

表 3-14　除尘器安装允许偏差和检验方法

项次	项目		允许偏差（mm）	检验方法
1	平面位移		≤10	用经纬仪或拉线、尺量检查
2	标高		±10	用水准仪、直尺、拉线和尺量检查
3	垂直度	每米	≤2	吊线和尺量检查
		总偏差	≤10	

② 除尘器的活动或转动部件的动作应灵活、可靠，并应符合设计要求。

③ 除尘器的排灰阀、卸料阀、排泥阀的安装应严密，并应便于操作与维护修理。

11) 现场组装的静电除尘器除应符合设备技术文件外，尚应符合下列规定：

① 阳极板组合后的阳极排平面度允许偏差为5mm，其对角线允许偏差为10mm。

② 阴极小框架组合后主平面的平面度允许偏差为5mm，其对角线允许偏差为10mm。

③ 阴极大框架的整体平面度允许偏差为15mm，整体对角线允许偏差为10mm。

④ 阳极板高度小于或等于7m的电除尘器，阴、阳极间距允许偏差为5mm；阳极板高度大于7m的电除尘器，阴、阳极间距允许偏差为10mm。

⑤ 振打锤装置的固定，应可靠；振打锤的转动，应灵活。锤头方向应正确；振打锤头与振打砧之间应保持良好的线接触状态，接触长度应大于锤头厚度的70%。

12) 现场组装布袋除尘器的安装，还应符合下列规定：

① 外壳应严密、滤袋接口应牢固。

② 分室反吹袋式除尘器的滤袋安装应平直。每条滤袋的拉紧力应为25～35N/m；与滤袋连接接触的短管和袋帽，不应有毛刺。

③ 机械回转扁袋袋式除尘器的旋臂，转动应灵活可靠，净气室上部的顶盖应密封不漏气，旋转应灵活，不应有卡阻现象。

④ 脉冲袋式除尘器的喷吹孔应对准文氏管的中心，同

104

心度允许偏差为 2mm。

13）洁净室空气净化设备的安装，应符合下列规定：

① 机械式余压阀的安装，阀体、阀板的转轴均应水平，允许偏差为 2‰。余压阀的安装位置应在室内气流的下风侧，并不应在工作面高度范围内。

② 传递窗的安装，应牢固、垂直，与墙体的连接处应密封。

14）装配式洁净室的安装应符合下列规定：

① 洁净室的顶板和壁板（包括夹芯材料）应为不燃材料。

② 洁净室的地面应干燥、平整，平整度允许偏差为 1‰。

③ 壁板的构配件和辅助材料的开箱，应在清洁的室内进行，安装前应严格检查其规格和质量。壁板应垂直安装，底部宜采用圆弧或钝角交接；安装后的壁板之间、壁板与顶板间的拼缝，应平整严密，墙板的垂直允许偏差为 2‰，顶板水平度的允许偏差与每个单间的几何尺寸的允许偏差均为 2‰。

④ 洁净室吊顶在受荷载后应保持平直，压条全部紧贴。洁净室壁板若为上、下槽形板时，其接头应平整、严密；组装完毕的洁净室所有拼接缝，包括与建筑的接缝，均应采取密封措施，做到不脱落，密封良好。

15）高效过滤器与层流罩的安装应符合下列规定：

① 安装高效过滤器的框架应平整清洁，每台过滤器的安装框架平整度允许偏差应为 1mm。

② 机械密封时应采用密封垫料，其厚度宜为 6～8mm，密封垫料应平整。安装后垫料的压缩应均匀，压缩率宜为

25%～30%。

③ 采用液槽密封时，槽架安装应水平，不得有渗漏现象，槽内不应有污物和水分，槽内密封液高度不应超过 2/3 槽深。密封液的熔点宜高于 50℃。

④ 洁净层流罩安装的水平度允许偏差应为 1‰，高度允许偏差应为 1mm。

3.2.4 安全与环保措施

1. 施工机械应符合现行国家标准 JGJ 33《建筑机械使用安全技术规程》及 JGJ 46《施工现场临时用电安全技术规范》的有关规定，施工中应定期对其进行检查、维修，保证机械使用安全。施工人员应经安全技术交底和安全文明施工教育后才可进入工地施工操作，施工现场应加强安全管理，安排专职安全巡逻员，设置黄沙桶、灭火器等消防设备。施工现场应安排专人洒水、清扫。

2. 明火作业前应取得动火证。施工作业时，应有防火措施和专人旁站，应有防火挡板隔离，以免强电弧光伤人。工地临时用电线路的架设及脚手架接地、避雷措施等应按现行标准的有关规定执行。施工操作中，工具要随手放入工具袋内，上下传递材料或工具时不得抛掷。

3. 气焊割动火作业时，氧气瓶、乙炔瓶的存放要距明火 10m 以上，挪动时不能碰撞，氧气瓶不得和可燃气瓶同放一处。氧气瓶与乙炔瓶放置间距，应大于 5m。

4. 吊装设备时，严禁人员站在被吊装设备下方。风机及部件的吊装前，应确认吊锚点的强度和绳索的绑扎是否符合吊装要求，确认无误后应先进行试吊，然后正式起吊。风机安装流动性较大，对电源线路不得随意乱接乱用，设专人对现场用电进行管理。风机正式起吊前应先进行试吊，试吊距离一般离地 200～300mm，仔细检查倒链或滑轮受力点和捆绑风管的绳索、绳扣是否牢固，风机的中心是否正确、无倾斜，确认无误后方可继续起吊。

5. 支、吊架涂漆时，应采取保护措施，避免对周围的墙面、地面、工艺设备造成二次污染。施工作业面保持整洁，不应将建筑垃圾随意抛撒、乱弃；施工中的垃圾、废料、废物要及时清运，做到文明施工，工完场清，垃圾定点堆放。油漆桶等包装材料应及时回收，以免污染环境。

6. 当天施工结束后的剩余材料及工具应及时入库，不许随意放置，做到工完场清。仓库应远离易燃物品仓库，并且库房周围 20m 以内禁止堆放易燃物品。建筑施工使用的材料宜就地取材，宜优先采用施工现场 500km 以内的施工材料。

7. 落地扣件式钢管脚手架在搭设前必须按照现行行业标准 JGJ 130《建筑施工扣件式钢管脚手架安全技术规范》进行设计计算，单独编制脚手架专项施工方案，并由项目技术负责人向施工人员和使用人员进行技术交底，其设计计算书与安全措施须经企业技术负责人审批。

3.3 风管系统安装施工

3.3.1 施工要点

1. 支架的悬臂、吊架的吊铁采用角钢或槽钢制成，斜撑的材料为角钢，吊杆采用圆钢，扁铁用来制作抱箍。制作前，首先要对型钢进行矫正，抱箍的圆弧应与风管圆一致。支架的焊缝必须饱满，保证具有足够的承载能力，风管支、吊架制作完毕后，应进行除锈，至少各刷一遍防锈漆、面漆或按图纸要求。

2. 当风管安装管路较长时，应在适当的位置增设吊架防止摆动，支、吊架不得安装在风口、阀门、检查孔等处，以免妨碍操作。吊架不得直接吊在法兰上。

3. 风管及部件连接接口距墙面、楼板距离不应影响操作，连接阀部件的接口严禁安装在墙内或楼板内。

3.3.2 质量要点

1. 风管伸入结构风道时，其末端应安装上钢丝网，以防止系统运行时杂物进入金属风管内。金属风管与结构风道缝隙应封堵严密。

2. 保温风管的支、吊架装置宜放在保温层外部，但不得损坏保温层。

3. 风管系统安装后，必须进行严密性检验，合格后方能交付下道工序。在加工工艺得到保证的前提下，低压风管系统可采用漏光检测。

4. 风管及部件安装的成品保护措施应包括以下内容：

1）严禁以风管作为支、吊架，不应将其他支、吊架焊在或挂在风管法兰或风管支、吊架上；严禁在风管上踩踏，堆放重物，不应随意碰撞。

2）风管在搬运和吊装就位时，应轻拿轻放，不应拖拉、扭曲；吊装作业使用钢丝绳捆绑时，应在钢丝绳和风管之间设置隔离保护措施。

3）风管上空进行油漆、粉刷等作业时，应对风管采取遮盖等保护措施。

4）非金属风管码放总高度不应超过 3m，上面应无重物，搬运时应采取防止碎裂的措施。无机玻璃钢和硬聚氯乙烯风管应在其上方有动火作业的工序完成后才能进行安装，或者在风管上方进行有效遮挡。

3.3.3 质量验收

1. 主控项目

1）当风管穿过需要封闭的防火、防爆墙体或楼板时，必须设置厚度不小于 1.6mm 的钢制防护套管，风管与防护套管之间应采用不燃柔性材料封堵严密。

2）风管安装必须符合下列规定：

① 风管内严禁其他管线穿越。

② 输送含有易燃、易爆气体或安装在易燃、易爆环境的风管系统必须设置可靠的防静电接地装置。

③ 输送含有易燃、易爆气体的风管系统通过生活区或其他辅助生产房间时不得设置接口。

④ 室外风管系统的拉索等金属固定件严禁与避雷针或避雷网连接。

3）外表温度高于 60℃，且位于人员易接触部位的风管，应采取防烫伤的措施。

4）风管部件安装必须符合下列规定：

① 风管部件及操作机构的安装应便于操作。

② 斜插板风阀的安装，阀板应顺气流方向插入；水平安装时，阀板应向上开启。

③ 止回阀、定风量阀的安装方向应正确。

④ 防爆波活门、防爆超压排气活门安装时，穿墙管的法兰和在轴线视线上的杠杆应铅垂，活门开启应朝向排气方向，在设计的超压下能自动启闭。关闭后，阀盘和密封圈贴合应紧密。

⑤ 防火阀、排烟阀（口）的安装方向、位置应正确。防火分区隔墙两侧的防火阀，距墙表面不应大于 200mm。

5）净化空调系统风管的安装应符合下列规定：

① 在安装前风管、静压箱及其他部件的内表面应擦拭干净，且应无油污和浮尘，当施工停顿或完毕时，端口应封堵。

② 法兰垫料应为不产尘、不易老化且具有一定强度和弹性的材料，厚度应为 5～8mm，不得采用乳胶海绵。法兰垫片宜减少拼接，并不得采用直缝对接连接，严禁在垫料表面涂涂料。

③ 风管穿过洁净室（区）吊顶、隔墙等围护结构时，应采取可靠的密封措施。

6）集中式真空吸尘系统的安装应符合下列规定：

① 安装在洁净室（区）内真空吸尘系统所采用的材料应与所在洁净室（区）具有相容性。

② 真空吸尘系统的接口应牢固装设在墙或地板上，并应设有盖帽。

③ 真空吸尘系统弯管的曲率半径不应小于 4 倍管径，且不得采用褶皱弯管。

④ 真空吸尘系统三通的夹角不得大于 45，支管不得采用四通连接。

⑤ 集中式真空吸尘机组的安装，应符合现行国家标准 GB 50231《机械设备安装工程施工及验收通用规范》的有关规定。

7）风管系统安装完毕后，应按系统类别进行严密性检验，漏风量应符合设计规定。风管系统的严密性检验，应符合下列规定：

① 当风管系统严密性检验出现不合格时，除应修复不合格的系统外，受检方应申请复验或复检。

② 净化空调系统风管的严密性检验时，N1～N5 级的系统按高压系统风管的规定执行；N6～N9 级，且工作压力小于等于 1500Pa 的，均按中压系统风管的规定执行。

8）当设计无要求时，人防工程染毒区的风管应采用大于等于 3mm 钢板焊接连接；与密闭阀相连接的风管，应采用带密封槽的钢板法兰和无接口的密封垫圈，连接应紧密。

2. 一般项目

1）风管系统的安装应符合下列规定：

① 风管应保持清洁，管内不应有杂物和积尘。

② 风管安装的位置、标高、走向，应符合设计要求。现场风管接口的配置应合理，不得缩小其有效截面。

③ 法兰的连接螺栓应均匀拧紧、其螺母宜在同一侧。

④ 风管接口的连接应严密牢固。风管法兰的垫片材质应符合系统功能的要求，厚度不应小于 3mm。垫片不应凸入管，亦不宜突出法兰外；垫片接口交叉长度不应小于 30mm。

⑤ 风管与砖、混凝土风道的连接接口，应顺着气流方向插入，并应采取密封措施。风管穿出屋面处应设有防雨装置，且不得渗漏。

⑥ 外保温风管必须穿越封闭的墙体时，应加设套管。

⑦ 风管的连接应平直。明装风管水平安装时，水平度的允许偏差应为 3‰，总偏差不应大于 20mm；明装风管垂直安装时，垂直度的允许偏差应为 2‰，总偏差不应大于 20mm。暗装风管安装的位置应正确，不应有侵占其他管线安装位置的现象。

2）金属无法兰连接风管的安装还应符合下列规定：

① 风管的连接处应完整，表面应平整。

② 承插式风管的四周缝隙应一致，不应有折叠状褶皱。内涂的密封胶应完整，外粘的密封胶带，应粘贴牢固。

③ 矩形薄钢板法兰风管可采用弹性插条、弹簧夹或 U 形紧固螺栓连接。连接固定的间隔不应大于 150mm，净化空调系统风管的间隔不应大于 10mm，且应分布均匀。当采用弹簧夹连接时，宜采用正反交叉固定方式，且不应松动。

④ 采用平插条连接的矩形风管，连接后的板面应平整。

⑤ 置于室外与屋顶的风管，应采取与支架相固定的措施。

3) 除尘系统的风管，宜垂直或倾斜敷设。倾斜敷设时，风管与水平夹角宜大于或等于 45°；当现场条件限制时，可采用小坡度和水平连接管。对含有凝结水或其他液体的风管，坡度应符合设计要求，并应在最低处设排液装置。

4) 风管支、吊架的安装应符合下列规定：

① 金属风管水平安装，直径或长边尺寸小于等于 400mm 时，间距不应大于 4m；直径或长边尺寸大于 400mm 时，间距不应大于 3m。螺旋风管的支、吊架间距可分别延长至 5m 和 3.75m；薄钢板法兰的风管，其支、吊架间距不应大于 3m。垂直安装时，应设置至少 2 个固定点，支架间距不应大于 4m。

② 支、吊架的设置不应影响到阀门、自控机构的正常动作，且不应设置在风口、检查门处，离风口和分支管的距离不宜小于 200mm。

③ 悬吊的水平主、干风管长度大于 20m 时，应设置防晃支架或防止摆功的固定点。

④ 矩形风管的抱箍支架，折角应平直，抱箍应紧贴并箍紧风管。安装在支架上的圆形风管应设托座或抱箍，其圆

弧应均匀，且与风管外径相一致。

⑤ 风管或空调设备使用的可调节减振支、吊架，拉伸或压缩量应符合设计要求。

⑥ 不锈钢板、铝板风管与碳素钢支架的接触处，应采取隔绝或防腐绝缘措施。

⑦ 边长（直径）大于1250mm的弯头、三通等部位应设置单独的支、吊架。

5）非金属风管的安装应符合下列的规定：

① 风管连接两法兰端面应平行、严密，法兰螺栓两侧应加镀锌垫圈。

② 风管垂直安装，支架间距不应大于3m。

6）复合材料风管的安装应符合下列规定：

① 复合材料风管的连接处，接缝应牢固，不应有孔洞和开裂。当采用插接连接时，接口应匹配、无松动，端口缝隙不应大于5mm。

② 采用金属法兰连接时，应采取防冷桥的措施。

7）风阀的安装应符合下列规定：

① 风阀应安装在便于操作及检修的部位，安装后的手动或电动操作装备应灵活、可靠，阀板关闭应保持严密。

② 直径或长边尺寸大于等于630mm的防火阀，应设独立支、吊架。

③ 排烟阀（排烟口）及手控装置（包括钢索预埋套管）的位置应符合设计要求。钢索预埋套管弯管不应大于2个，且不得有死弯及瘪陷；安装完毕后应操控自如，无卡涩等现象。

④ 除尘系统吸入管段的调节阀，宜安装在垂直管段上。

8）风帽安装必须牢固，连接风管与屋面或墙面的交接

113

处不应渗水。

9）排、吸风罩的安装位置应正确，排列整齐，牢固可靠。

10）风口的安装应符合下列规定：

① 风口表面应平整、不变形，调节应灵活、可靠。同一厅室、房间内的相同风口，安装高度应一致，排列应整齐。

② 明装无吊顶的风口，安装位置和标高允许偏差应为 10mm。

③ 风口水平安装，水平度的偏差不应大于 3‰。

④ 风口垂直安装，垂直度的偏差不应大于 2‰。

11）洁净室（区）内风口安装还应符合下列规定：

① 风口安装前应擦拭干净，不得有油污、浮尘等。

② 风口边框与建筑顶棚或墙壁装饰面应紧贴，接缝处应采取可靠的密封措施。

③ 带高效空气过滤器的送风口，四角应设置可调节高度的吊杆。

3.3.4 安全与环保措施

1. 施工机械应符合现行国家标准 JGJ 33《建筑机械使用安全技术规程》及 JGJ 46《施工现场临时用电安全技术规范》的有关规定，施工中应定期对其进行检查、维修，保证机械使用安全。施工人员应经安全技术交底和安全文明施工教育后才可进入工地施工操作，施工现场应加强安全管理，安排专职安全巡逻员，设置黄沙桶、灭火器等消防设备。施工现场应安排专人洒水、清扫。

2. 明火作业前应取得动火证。施工作业时，应有防火措施和专人旁站，应有防火挡板隔离，以免强电弧光伤人。工地临时用电线路的架设及脚手架接地、避雷措施等应按现行标准的有关规定执行。施工操作中，工具要随手放入工具袋内，上下传递材料或工具时不得抛掷。

3. 气焊割动火作业时，氧气瓶、乙炔瓶的存放要距明火 10m 以上，挪动时不能碰撞，氧气瓶不得和可燃气瓶同放一处。氧气瓶与乙炔瓶放置间距，应大于 5m。

4. 风管提升时，应有防止施工机械、风管、作业人员突然坠落、滑倒等事故的措施。

5. 支、吊架涂漆时，应采取保护措施，避免对周围的墙面、地面、工艺设备造成二次污染。施工作业面保持整洁，不应将建筑垃圾随意抛撒、乱弃；施工中的垃圾、废料、废物要及时清运，做到文明施工，工完场清，垃圾定点堆放。油漆桶等包装材料应及时回收，以免污染环境。

6. 屋面风管、风帽安装时，应对屋面上的露水、霜、雪、青苔等采取防滑保护措施。

7. 胶粘剂应正确使用、安全保管。粘结材料采用热敏胶带时，应避免热熨斗烫伤，过期或废弃的胶粘剂不应随意倒洒或燃烧，废料应集中堆放，及时清运到指定地点。

8. 玻璃钢风管现场修复或风管开孔连接风口、硬聚氯乙烯风管开孔或焊接作业时，操作位置应设置通风设备，作业人员应按规定穿戴防护用品。

9. 当天施工结束后的剩余材料及工具应及时入库，不许随意放置。仓库应远离易燃物品仓库，并且库房周围 20m 以内禁止堆放易燃物品。

3.4 空调制冷系统安装施工

3.4.1 施工要点

1. 设备基础表面应平整，无蜂窝、裂纹、麻面和露筋。

2. 基础四周应有排水设施。

3. 基础位置应满足操作及检修的空间要求。

4. 采用隔振器的设备，其隔振器安装位置和数量应正确，每个隔振器的压缩量应均匀一致，偏差不应大于 2mm。

5. 设备吊装时，吊索与设备接触部位应衬垫软质材料，设备应捆扎稳固，主要受力点应高于设备重心，具有公共底座设备的吊装，其受力点不应使设备底座产生扭曲和变形。

3.4.2 质量要点

1. 主体和零部件表面无缺损和锈蚀等情况。

2. 设备填充的保护气体应无泄漏、油封良好，开箱检查后应采取保护措施，不宜过早或任意拆除以免设备受损。

3 设备安装的成品保护措施：

1）设备应按照产品技术要求进行搬运、拆卸包装、就位。严禁敲打、碰撞机组外表、连接件及焊接处。

2）设备运至现场后，应采取防雨、防雪、防潮措施，妥善保管。

3）设备安装就位后，应采取防止设备损坏、污染、丢失等措施。

4）设备接口、仪表、操作盘等应采取封闭、包扎等保护措施。

5）安装后的设备不应成为其他受力的支点。

6）管道和设备连接后，不宜再进行焊接和气割，必须进行焊接和气割时，应拆下管道或采取必要的措施，防止焊渣进入管道系统内或损坏设备。

3.4.3 质量验收

1. 主控项目

1）制冷机组与附属设备的安装应符合下列规定：

① 制冷（热）设备、制冷附属设备性能和技术参数应符合设计要求，并应具有产品合格证书、产品性能检验报告。

② 设备的混凝土基础应进行质量交接验收，且应验收合格。

③ 设备安装的位置、标高和管口方向应符合设计要求。用地脚螺栓固定的制冷设备或制冷附属设备，其垫铁的放置位置应正确、接触应紧密，每组垫铁不应超过 3 块，螺栓应紧固，并应采取防松动措施。

2）直接膨胀表面式冷却器的外表应保持清洁、完整，空气与制冷剂应呈逆向流动；表面式冷却器与外壳四周的缝隙应堵严，冷凝水排放应畅通。

3）制冷剂管道系统应按设计要求和产品要求进行强度、气密性及真空试验，且应试验合格。

4）燃油管道系统必须设置可靠的防静电接地装置。

5）燃气管道的安装必须符合下列规定：

① 燃气系统管道与机组的连接不得使用非金属软管。

② 当燃气供气管道压力大于 5kPa 时，焊缝无损检测应按设计要求执行。当设计无规定时，应对全部焊缝进行无损检测并合格。

③ 燃气管道吹扫和压力试验的介质应采用空气或氮气，严禁采用水。

6）组装式的制冷机组和现场充注制冷剂的机组，应进行系统管路吹污、气密性试验、真空试验和充注制冷剂检漏试验，技术数据应符合产品技术文件和国家现行标准的有关规定。

7）蒸汽压缩式制冷系统管道、管件和阀门的安装应符合下列规定：

① 制冷系统的管道、管件和阀门的类别、材质、管径、壁厚及工作压力等应符合设计要求，并应具有产品合格证书、产品性能检验报告。

② 法兰、螺纹等处的密封材料应与管内的介质性能相适应。

③ 制冷剂液体管不得向上装成"Ω"形。气体管道不得向下装成"U"形（特殊回油管除外）；液体支管引出时，必须从干管底部或侧面接出；气体支管引出时，必须从干管顶部或侧面接出；有两根以上的支管从干管引出时，连接部位应错开，间距不应小于2倍支管直径，且不小于200mm。

④ 管道与机组连接应在管道吹扫、清洁合格后进行。与机组连接的管路上应按设计要求及产品技术文件的要求安装过滤器、阀门、部件、仪表等，位置应正确、排列应整齐；管道应设独立的支、吊架；压力表距阀门位置不宜小于200mm。

⑤ 制冷设备与附属设备之间制冷剂管道的连接，制冷剂管道坡度、坡向应符合设计及设备技术文件要求。当设计无规定时，应符合表3-15的规定。

表3-15 制冷剂管道坡度、坡向

管道名称	坡向	坡度
压缩机吸气水平管（氟）	压缩机	≥10‰
压缩机吸气水平管（氨）	蒸发器	≥3‰
压缩机排气水平管	油分离器	≥10‰
冷凝器水平供液管	贮液器	1‰～3‰
油分离器至冷凝器水平管	油分离器	3‰～5‰

⑥ 制冷系统投入运行前，应对安全阀进行调试校核，其开启和回座压力应符合设备技术文件要求。

⑦ 系统多余的制冷剂不得向大气直接排放，应采用回收装置进行回收。

8）氨制冷机应采用密封性能良好、安全性好的整体式冷水机组。氨制冷剂系统管道、附件、阀门及填料不得采用铜或铜合金材料（磷青铜除外），管内不得镀锌。氨系统的管道焊缝应进行射线照相检验，抽检率为 10％，以质量不低于Ⅲ级为合格。

2. 一般项目

1）制冷（热）机组与附属设备的安装应符合下列规定：

① 设备及制冷附属设备安装允许偏差和检验方法应符合表 3-16 的规定。

表 3-16　设备与附属设备安装允许偏差和检验方法

项次	项目	允许偏差（mm）	检验方法
1	平面位置	10	经纬仪或拉线或尺量检查
2	标高	±10	水准仪或经纬仪、拉线和尺量检查

② 整体组合式制冷机组机身纵、横向水平度的允许偏差应为 1‰，当采用垫铁调整机组水平度时，应接触紧密并相对固定。

③ 附属设备安装的水平度或垂直度允许偏差应为 1‰，并应符合设备技术文件的规定。

④ 制冷设备或制冷附属设备基（机）座下减振器安装

位置应与设备重心相匹配，各减振器的压缩量应均匀一致，且偏差不应大于 2mm。

⑤ 采用弹簧减振的制冷机组，应设置防止机组运行时水平位移的定位装置。

⑥ 冷热源与辅助设备的安装位置应满足设备操作及维修的空间要求，四周应有排水设施。

2）模块式冷水机组单元多台并联组合时，接口应牢固，严密不漏，外观应平整完好，目测无扭曲。

3）制冷剂管道、管件的安装应符合下列规定：

① 管道、管件的内外壁应清洁、干燥，连接制冷机的吸、排气管道应设单独支架；管径小于等于 40mm 的铜管道，在与阀门连接处应设置支架。水平管道支架的间距不应大于 1.5m，垂直管道不应大于 2.0m；管道上、下平行敷设时，吸气管应在下方。

② 制冷剂管道弯管的弯曲半径不应小于 3.5 倍管道直径，最大外径与最小外径之差不应大于 8% 的管道直径，且不应使用焊接弯管及皱褶弯管。

③ 制冷剂管道分支管应按介质流向弯成 90° 与主管连接，不宜使用弯曲半径小于 1.5 倍管道直径的压制弯管。

④ 铜管切口应平整、不得有毛刺、凹凸等缺陷，切口允许倾斜偏差为管径的 1%，管扩口应保持同心，不得有开裂及褶皱，并应有良好的密封面。

⑤ 铜管采用承插钎焊焊接连接时，应符合规定，承口方向应迎着介质流动方向。当采用套接钎焊焊接连接时，其插接深度不应小于表 3-17 中最小承插连接的规定；当采用对接焊接时，管道内壁应齐平，错边量不应大于 10% 的壁厚，且不大于 1mm。

表 3-17　承插式焊接的铜管承口的扩口深度表 (mm)

铜管规格	≤DN15	DN20	DN25	DN32	DN40	DN50	DN65
承插口的扩口深度	9～12	12～15	15～18	17～20	21～24	24～26	26～30
最小插入深度	7	9	10	12	13	14	
间隙尺寸	0.05～0.27				0.05～0.35		

⑥ 管道穿越墙体或楼板时，应加装套管；管道的支吊架和钢管的焊接应符合验收规范要求。

4）制冷剂系统阀门的安装应符合下列规定：

① 制冷剂阀门安装前应进行强度和严密性试验。强度试验压力为阀门公称压力的 1.5 倍时，持续时间不得少于 5min；严密性试验压力为阀门公称压力的 1.1 倍，持续时间 30s 不漏为合格。

② 阀体应清洁干燥、不得有锈蚀，安装位置、方向和高度应符合设计要求。

③ 水平管道上的阀门手柄不应朝下；垂直管道上的阀门手柄应便于操作。

④ 自控阀门安装的位置应符合设计要求。电磁阀、调节阀、热力膨胀阀、升降式止回阀等阀头均应向上；热力膨胀阀的安装位置应高于感温包，感温包应装在蒸发器出口处的回气管上，与管道应接触良好，绑扎紧密。

⑤ 安全阀应垂直安装在便于检修的位置，排气管的出口应朝向安全地带，排液管应装在泄水管上。

5）制冷系统的吹扫排污应采用压力为 0.5～0.6MPa（表压）的干燥压缩空气或氮气，应以白色（布）标识靶检查 5min，目测无污物为合格。系统吹扫干净后，系统中阀门的阀芯拆下应清洗干净。

3.4.4 安全与环保措施

1. 大型设备运输安装前，应对使用的机具进行安全检查。

2. 设备运输、安装时，应注意路面上的孔、洞、沟和其他障碍物。

3. 油品等废料应统一收集和处理。

3.5 空调水系统安装施工

3.5.1 施工要点

1. 采用螺纹连接或沟槽连接时，镀锌层破坏的表面或外露螺纹部分应进行防腐处理；采用焊接法兰连接时，对焊缝及热影响地区的表面应进行二次镀锌或防腐处理。

2. 管道采用熔接时，承插热熔连接前，应标出承插深度，插入的管材端口外部宜进行坡口处理，坡角不宜小于30°，坡口长度不宜大于 4mm。

3. 管道和管件在安装前，应对其内、外壁进行清洁。管道安装中断时，应及时封闭敞开的管口。

4. 冷凝水管道严禁直接接入生活污水管道，且不应接入雨水管道。

3.5.2 质量要点

1. 管道穿过地下室或地下构筑物外墙时，应采取防水措施，并应符合设计要求。对有严格防水要求的建筑物，必须采用柔性防水套管。

2. 管道穿越结构变形缝处应设置金属柔性短管，金属柔性短管长度宜为 150～300mm，并应满足结构变形的要求，其保温性能应符合管道系统功能要求。

3. 管道螺纹连接时，螺纹应规整，不应有毛刺、乱丝，不应有超过 10% 的断丝或缺扣。

4. 空调水系统管道及附件安装的成品保护措施：

1）管道安装间断时，应及时将各管口封闭。

2）管道不应作为吊装或支撑的受力点。

3）安装完成后的管道、附件、仪表等应有防止损坏的措施。

4）管道调直时，严禁在阀门处加力，以免损坏阀体。

3.5.3 质量验收

1. 主控项目

1）空调水系统设备与附属设备的性能、技术参数，管道、管配件及阀门的类型、材质及连接形式应符合设计要求。

2）管道安装应符合下列规定：

① 隐蔽安装部位的管道安装完成后，应在水压试验合格后方能交付隐蔽工程的施工。

② 并联水泵的出口管道进入总管应采用顺水流斜向插接的连接形式，夹角不应大于 60°。

③ 系统管道与设备的连接应在设备安装完毕后进行，管道与水泵、制冷机组的接管必须为柔性接口，且不得强行对口连接。与其连接的管道应设置独立支架。

④ 判定空调水系统管路冲洗、排污合格的条件是目测排出口的水色和透明度与入水口对比应相近，且无可见杂物。当系统继续运行 2h 以上，水质保持稳定后，方可与设备相贯通。

⑤ 固定在建筑结构上的管道支、吊架，不得影响结构的安全。管道穿越墙体或楼板处应设钢制套管，管道接口不

得置于套管内，钢制套管应与墙体饰面或楼板底部平齐，上部应高出楼层地面20～50mm，并不得将套管作为管道支撑。当穿越防火分区时，应采用不燃材料进行防火封堵；保温管道与套管四周间隙应使用不燃绝热材料填塞紧密。

3）管道系统安装完毕，外观检查合格后，应按设计要求进行水压试验。当设计无规定时，应符合下列规定：

① 冷（热）水、冷却水与蓄能（冷、热）系统的试验压力，当工作压力小于等于1.0MPa时，为1.5倍工作压力，最低不应小于0.6MPa；当工作压力大于1.0MPa时，应为工作压力加0.5MPa。

② 系统最低处压力升至试验压力后，应稳压10min，压力降不得大于0.02MPa，再将系统压力降至工作压力，外观检查无渗漏为合格。对于大型或高层建筑垂直位差较大的冷（热）水、冷却水管道系统，当采用分区、分层试压时，在该部位的试验压力下，应稳压10min，压力不得下降，再将系统压力降至该部位的工作压力，在60min内压力不得下降、外观检查无渗漏为合格。

③ 各类耐压塑料管的强度试验压力（冷水）应为1.5倍工作压力，且不应小于0.9MPa；严密性试验压力应为1.15倍的设计工作压力。

④ 凝结水系统采用通水试验，应以不渗漏，排水畅通为合格。

4）阀门的安装应符合下列规定：

① 阀门安装前必须进行外观检查，阀门的铭牌应符合现行国家标准GB/T 12220《工业阀门 标志》的有关规定。工作压力大于1.0MPa及在主干管上起到切断作用和系统冷（热水）运行转换调节功能的阀门和止回阀，应进行壳

体强度和阀瓣密封性能的试验，且应试验合格。其他阀门可不单独进行试验。壳体强度试验压力应为公称压力的 1.5 倍，持续时间不应少于 5min，阀门的壳体、填料应无渗漏。严密性试验压力应为公称压力的 1.1 倍，在试验持续的时间内应保持压力不变，阀门压力试验持续时间与允许泄漏量应符合表 3-18 的规定。

表 3-18　阀门压力试验持续时间与允许泄漏量

| 公称直径 DN（mm） | 最短试验持续时间（s） | |
| | 严密性试验（水） | |
	止回阀	其他阀门
≤50	60	15
65～150	60	60
200～300	60	120
≥350	120	120
允许泄漏量	3 滴×（DN/25）/min	小于 DN65 为 0 滴，其他为 2 滴×（DN/25）/min

注：压力试验的介质为洁净水，用于不锈钢阀门的试验水，氯离子含量不得高于 25mg/L。

② 阀门的安装位置、高度、进出口方向必须符合设计要求，连接应牢固紧密。

③ 安装在保温管道上的手动阀门，手柄不得朝向下。

④ 动态和静态平衡阀的工作压力应符合系统设计要求，安装方向应正确。阀门在系统运行时，应按参数设计要求进行校核、调整。

⑤ 电动阀门的执行机构应能全程控制阀门的开启和关闭。

5）补偿器的安装应符合下列规定：

① 补偿器的补偿量和安装位置应符合设计文件的要求，

并应根据设计计算的补偿量进行预拉伸或预压缩。

② 波纹管膨胀节或补偿器内有焊缝的一端，水平管路上应安装在水流的流入端，垂直管路上应安装在上端。

③ 填料式补偿器应与管道保持同心，不得歪斜。

④ 补偿器一端的管道应设置固定支架，其结构形式和固定位置应符合设计要求，并应在补偿器的预拉伸（或预压缩）前固定。

⑤ 滑动导向支架设置的位置应符合设计与产品技术文件的要求，管道滑动轴心应与补偿器轴心相一致。

6）水泵、冷却塔的技术参数和产品性能应符合设计要求。管道与水泵的连接应采用柔性接管，且应为无应力状态，不得有强行扭曲、强制拉伸等现象。

7）水箱、集水器、分水器与储水罐的满水试验或水压试验应符合设计要求，内外壁防腐涂层的材质、涂抹质量、厚度应符合设计或产品技术文件要求。

2. 一般项目

1）采用建筑塑料管道的空调水系统，管道材质及连接方式应符合设计和产品技术文件的要求，管道安装尚应符合下列规定：

① 采用法兰连接时，两法兰面应平行，误差不得大于2mm。密封垫为与法兰密封面相配套的平垫圈，不得伸入管道或突出法兰之外。法兰连接螺栓应采用两次紧固，紧固后的螺母应与螺栓齐平或略低于螺栓。

② 电熔连接或热熔连接的工作环境温度不应低于环境温度5℃。插口外表面与承口内表面应做小于0.2mm的刮削，连接后同心度的允许偏差应为2%；热熔熔接接口圆周翻边应饱满、匀称，不应有缺口状缺陷、海绵状的浮渣与目

126

测气孔。接口处的错边应小于 10％的管壁厚。承插接口的插入深度应符合设计要求，熔融的包浆在承、插件间形成均匀的凸缘，不得有裂纹凹陷等缺陷。

③采用密封圈承插连接的胶圈应位于密封槽内，不应有皱褶扭曲。插入深度应符合产品要求，插管和承口周边的偏差不得大于 2mm。

2）金属管道与设备的现场焊接应符合下列规定：

① 管道焊接材料的品种、规格、性能应符合设计要求。管道对接焊口的组对和坡口形式等应符合表 3-19 的规定；对口的平直度为 1％，全长不应大于 10mm。管道与设备的固定焊口应远离设备，且不宜与设备接口中心线相重合。管道的对接焊缝与支、吊架的距离应大于 50mm。

表 3-19　管道焊接坡口形式和尺寸

| 项次 | 厚度 T (mm) | 坡口名称 | 坡口尺寸 | | | 备注 |
			间隙 C (mm)	钝边 P (mm)	坡口角度 a (℃)	
1	1～3	I 形坡口	0～1.5 单面焊	—	—	内壁错边量 $\leqslant 0.25T$，且$\leqslant 2mm$；
	3～6		0～2.5 双面焊			
2	3～9	V 形坡口	0～2.0	0～2	60～65	
	9～26		0～3.0	0～3	55～60	
3	2～30	T 形坡口	0～2.0	—	—	—

② 管道焊缝表面应清理干净，并进行外观质量的检查。

3）螺纹连接管道的螺纹应清洁整齐，断丝或缺丝不大于螺纹全扣数的 10％。管道的连接应牢固，接口处的外露螺纹应为 2～3 扣，不应有外露填料，镀锌管道的镀锌层应注意保护，局部破损处应进行防腐处理。

4）法兰连接管道的法兰面应与管道中心线垂直，且应同心。法兰对接应平行，偏差不应大于其外径的 1.5‰，且不得大于 2mm。连接螺栓长度应一致、螺母在同侧、并应均匀拧紧。紧固后的螺母应与螺栓端部平齐或略低于螺栓。法兰衬垫的材料、规格与厚度应符合设计要求。

5) 钢制管道的安装应符合下列规定：

① 管道和管件在安装前，应将其内、外壁的污物和锈蚀清除干净。管道安装后应保持管内清洁。

② 热弯时，弯制弯管的弯曲半径不应小于管道外径的 3.5 倍；冷弯时，不应小于管道外径的 4 倍；焊接弯管不应小于管道外径的 1.5 倍；冲压弯管不应小于管道外径的 1 倍。弯管的最大外径与最小外径的差不应大于管道外径的 8%，管壁减薄率不应大于 15%。

③ 冷（热）水管道与支、吊架之间，应设置衬垫。衬垫的承压强度应满足管道全重，且应采用不燃与难燃硬质绝热材料或经防腐处理的木衬垫。衬垫的厚度不应小于绝缘层厚度，宽度应大于等于支、吊架支承面的宽度。衬垫的表面应平整、上下两衬垫接合面的空隙应填实。

④ 管道安装允许偏差和检验方法应符合表 3-20 的规定。安装在吊顶内等暗装区域的管道，位置应正确，且不应有侵占其他管线安装位置的现象。

表 3-20　管道安装允许偏差和检验方法

项目			允许偏差（mm）	检查方法
坐标	架空及地沟	室外	25	按系统检查管道的起点、终点、分支点和变向点及各点之间的直管。用经纬仪、水准仪、液体连通器、水平仪、拉线和尺量检查
		室内	15	
	埋地		60	
标高	架空及地沟	室外	±20	
		室内	±15	
	埋地		±25	

项目		允许偏差（mm）	检查方法
水平管道平直度	$DN \leqslant 100mm$	$2L‰$，最大 40	用直尺、拉线和尺量检查
	$DN > 100mm$	$3L‰$，最大 60	
立管垂直度		$5L‰$，最大 25	用直尺、线锤、拉线和尺量检查
成排管段间距		15	用直尺尺量检查
成排管段或成排阀门在同一平面上		3	用直尺、拉线和尺量检查
交叉管的外壁或绝热层的最小间距		20	用直尺、拉线和尺量检查

注：L 是管道的有效长度（mm）。

6）沟槽式连接管道的沟槽与橡胶密封圈和卡箍套应为配套，沟槽及支、吊架的间距应符合表 3-21 的规定。

表 3-21　沟槽式连接管道的沟槽及支、吊架的间距

公称直径（mm）	沟槽		支、吊架的间距（mm）	端面垂直度允许偏差（mm）
	沟槽深度（mm）	允许偏差（mm）		
65～100	2.20	0～0.3	3.5	1.0
125～150	2.20	0～0.3	4.2	
200	2.50	0～0.3	4.2	1.5
225～250	2.50	0～0.3	5.0	
300	3.0	0～0.5	5.0	

注：1. 连接管端面应平整光滑、无毛刺；沟槽深度在规定范围。

　　2. 支、吊架不得支承在连接头上，

　　3. 水平管的任何两个连接头之间应设置支、吊架。

7）风机盘管机组及其他空调设备与管道的连接，应采用耐压值大于或等于 1.5 倍工作压力的金属或非金属柔性接管，连接应牢固，不应有强扭和瘪管。冷凝水排水管的坡度应符合设计要求。当设计无要求时，坡度宜大于或等于8‰，且应坡向出水口。设备与排水管的连接应采用软接，并应保持畅通。

8）金属管道的支、吊架的形式、位置、间距、标高应符合设计要求。当设计无要求时，应符合下列规定：

① 支、吊架的安装应平整牢固，与管道接触紧密。管道与设备连接处应设置独立支、吊架。当设备安装在减振基座上时，独立支架的固定点应为减振基座。

② 冷（热）媒水、冷却水系统管道机房内总、干管的支、吊架，应采用承重防晃管架；与设备连接的管道管架宜采取减振措施。当水平支管的管架采用单杆吊架时，应在管道起始点、阀门、三通、弯头及长度每隔 15m 设置承重防晃支、吊架。

③ 无热位移的管道吊架的吊杆应垂直安装；有热位移的管道吊架的吊杆应向热膨胀（或冷收缩）的反方向偏移安装，偏移量应按计算位移量确定。

④ 滑动支架的滑动面应清洁、平整，其安装位置应满足管道要求，支承面中心应向反方向偏移 1/2 位移量或符合设计文件要求。

⑤ 竖井内的立管应每隔二层或三层设置滑动支架。在建筑结构负重允许的情况下，水平安装管道支、吊架的最大间距应符合表 3-22 的规定，弯管或近处应设置支、吊架。

表 3-22　水平安装管道支、吊架的最大间距

公称直径 (mm)		15	20	25	32	40	50	70	80	100	125	150	200	250	300
支架的最大间距 (m)	L_1	1.5	2.0	2.5	2.5	3.0	3.5	4.0	5.0	5.0	5.5	6.5	7.5	8.5	9.5
	L_2	2.5	3.0	3.5	4.0	4.5	5.0	6.0	6.5	6.5	7.5	7.5	9.0	9.5	10.5

注：1. 适用于工作压力不大于 2.0MPa，不保温或保温材料密度不大于 200kg/m³ 的管道系统。

2. L_1 用于保温管道，L_2 用于不保温管道。

3. 洁净区（室内）管道支、吊架应采用镀锌或其他的防腐措施。

4. 公称直径大于 300mm 的管道，可参考公称直径为 300mm 的管道执行。

⑥ 管道支、吊架的焊接应符合验收规范要求。固定支架与管道焊接时，管道侧的咬边量应小于 10% 的管壁厚度，且小于 1mm。

9) 采用聚丙烯（PP-R）管道时，管道与金属支、吊架之间应有隔绝措施，不宜直接接触。支、吊架的间距应符合设计要求。当设计无要求时，聚丙烯（PP-R）冷水管支、吊架的间距应符合验收规范要求，使用温度大于或等于 60℃ 热水管道应加宽支撑面积。

10) 除污器、自动排气装置等管道部件的安装应符合下列规定：

① 阀门安装的位置及进、出口方向应正确且应便于操作。连接应牢固紧密，启闭应灵活，成排阀门的排列应整齐美观，在同一平面上的允许偏差不应大于 3mm。

② 电动、气动等自控阀门在安装前应进行单体的调试，启闭试验应合格。

③ 冷（热）水和冷却水的水过滤器应安装在进入机组、水泵等设备前端的管道上，安装方向应正确，安装位置应便

于滤网的拆装和清洗，与管道连接牢固严密。过滤器滤网的材质、规格应符合设计要求。

④ 闭式管路系统应在系统最高处及所有可能积聚空气的管段高点设置排气阀，在管路最低点应设置排水管及排水阀。

11）冷却塔安装应符合下列规定：

① 基础的位置、标高应符合设计要求，允许误差应为±20mm，进风侧距建筑物应大于1m。冷却塔部件与基座的连接应采用热镀锌或不锈钢螺栓，固定应牢固。

② 冷却塔安装应水平，单台冷却塔安装水平度和垂直度允许偏差均为2‰。多台冷却塔安装时，排列应整齐，各台开式冷却塔的水面高度应一致，高差偏差不应大于30mm。当采用共用集管并联运行时，冷却塔集水盘（槽）之间的连通管应符合设计要求。

③ 冷却塔集水盘应严密、无渗漏，进、出水口的方向和位置应正确。静止分水器的布水应均匀；转动布水器喷水出口方向应一致，转动应灵活，水量应符合设计或产品技术文件的要求。

④ 冷却塔风机叶片端部与塔体周边的径向间隙应均匀。可调整角度的叶片，角度应一致，并应符合产品技术文件的要求。

12）水泵及附属设备的安装应符合下列规定：

① 水泵的平面位置和标高允许偏差应为±10mm，安装的地脚螺栓应垂直，且与设备底座紧密固定。

② 垫铁组放置位置应正确、平稳，接触应紧密，每组不应大于3块。

③ 整体安装的泵的纵向水平偏差不应大于0.1‰，横向

水平偏差不应大于 0.2‰。组合安装的泵纵、横向安装水平偏差均不应大于 0.05‰。水泵与电机采用联轴器连接时，联轴器两轴芯的轴向倾斜不应大于 0.2‰，径向位移不应大于 0.05mm。整体安装的小型管道水泵目测应水平，不应有偏斜。

④ 减振器与水泵及水泵基础的连接，应牢固平稳、接触紧密。

13）水箱、集水器、分水器、膨胀水箱等设备安装时，支架或底座的尺寸、位置应符合设计要求。设备与支架或底座接触应紧密，安装应平整牢固。平面位置允许偏差应为 15mm，标高允许偏差应为 ±5mm，垂直度允许偏差应为 1‰。

3.5.4 安全与环保措施

1. 临时脚手架应搭设平稳、牢固，脚手架跨度不应大于 2m。

2. 安装管道时，应先将管道固定在支、吊架上再接口，防止管道滑脱伤人。

3. 顶棚内焊接应严加注意防火，焊接地点周围严禁堆放易燃物。

4. 管道水压试验对管道加压时，应集中注意力观察压力表，防止超压。

5. 冲洗水的排放管应接至可靠的排水井或排水沟里，保证排泄畅通和安全。

3.6 防腐与绝热

3.6.1 施工要点

1. 空调设备绝热施工时，不应遮盖设备铭牌，必要时应将铭牌移至绝热层的外表面。

2. 防腐施工前应对金属表面进行除锈、清洁处理，可选用人工除锈或喷砂除锈的方法。喷砂除锈宜在具备除灰降尘条件的车间进行。

3. 绝热材料厚度大于 80mm 时，应采用分层施工，同层的拼缝应错开，且层间的拼缝应相压，搭接间距不应小于 130mm。

4. 管道阀门、过滤器及法兰部位的绝热结构应能单独拆卸，且不应影响其他操作功能。

5. 空调冷热水管道及空调风管穿楼板或穿墙处的绝热层应连续不间断。

3.6.2 质量要点

1. 防腐与绝热材料符合环保及防火要求，进场检验合格。

2. 防腐与绝热施工完成后，应按设计要求进行标志，当设计无要求时，应符合下列规定：

1）设备机房、管道层、管道井、吊顶内等部位的主干管道，应在管道的起点、终点、交叉点、转弯处、阀门、穿墙管道两侧以及其他需要标志的部位进行管道标志。直管道上标志间距宜为 10m。

2）管道标志应采用文字和箭头。文字应注明介质种类，箭头应指向介质流动方向。文字和箭头尺寸应与管径大小相匹配，文字应在箭头尾部。

3）空调冷热水管道色标宜用黄色，空调冷却水管道色标宜用蓝色，空调冷凝水管道及空调补水管道的色标宜用淡绿色，蒸汽管道色标宜用红色，空调通风管道色标宜为白色，防排烟管道色标宜为黑色。

3. 防腐与绝热的成品保护措施：

1）防腐施工完备后，应注意产品的保护，避免污染。

2）严禁在绝热后的风管上上人走动；如有碍通行的地方，可增设人行通道。

3）空调风管绝热施工后应有防止损坏的保护措施。

3.6.3 质量验收

1. 主控项目

1）风管与管道防腐涂料的品种及涂层层数应符合设计要求，涂料的底漆和面漆应配套。

2）风管和管道的绝热层、绝热防潮层和保护层，应采用不燃或难燃材料，材质、密度、规格与厚度应符合设计要求。

3）风管和管道的绝热材料进场时，应按节能验收规范要求进行验收。

4）洁净室（区）内的风管和管道的绝热层，不应采用易产尘的玻璃纤维、短纤维矿棉等材料。

2. 一般项目

1）防腐涂料的涂层应均匀，不应有堆积、漏涂、褶皱、气泡、掺杂及混色等缺陷。

2）设备、部件、阀门的绝热和防腐涂层，不得遮盖铭牌标志和影响部件、阀门的操作功能，经常操作的部位应采用能单独拆卸的绝热结构。

3）绝热层应满铺，表面应平整，不应有裂缝、空隙等缺陷。应采用卷材或板材时，允许偏差应为 5mm；当采用涂抹或其他方式时，允许偏差应为 10mm。

4）橡塑绝热材料的施工应符合下列规定：

① 粘结材料应与橡塑材料相适用，无溶蚀粘结材料的

现象。

② 绝热层的纵、横向接缝应错开，缝间不应有孔隙，与管道表面应贴合紧密，不应有气泡。

③ 矩形风管绝热层的纵向接缝宜处于管道上部。

④ 多重绝热层施工时，层间的拼接缝应错开。

5) 风管绝热层采用保温钉固定时，应符合下列规定：

① 保温钉与风管、部件及设备表面的连接，可采用粘接或焊接，结合应牢固，不应脱落，不得采用抽芯铆钉或自攻螺丝等破坏风管严密性的固定方法。

② 矩形风管及设备表面的保温钉应均匀，风管保温钉数量应符合表 3-23 的规定。首行保温钉至绝热材料边沿的距离应小于 120mm，保温钉的固定压片应松紧适度，均匀压紧。

表 3-23　风管保温钉数量（个/m²）

隔热层材料	风管底面	侧面	顶面
铝箔岩棉保温板	≥20	≥16	≥10
铝箔玻璃棉保温板（毡）	≥16	≥10	≥8

③ 绝热材料纵向接缝不宜设在风管底面。

6) 管道采用玻璃棉或岩棉管壳保温时，管壳规格和管道外径应相匹配，管壳的纵向接缝应错开，管壳应采用金属丝、黏结带等捆扎，间距为 300～350mm，且每节至少捆扎两道。

7) 风管与管道的绝热防潮层（包括绝热层的端部）应完整，并应封闭良好。立管的防潮层环向搭接缝口应顺水流方向设置；水平管的纵向缝应位于管道的侧面，并应顺水流方向设置；带有防潮层绝热材料的拼接缝应采用粘胶带封严，缝两侧粘胶带粘结的宽度不应小于 20mm。胶带应牢固地粘贴在防潮层面上，不得有胀裂和脱落。

8）绝热涂抹材料作绝热层时，应分层涂抹，厚度应均匀，不得有气泡和漏涂等缺陷，表面固化层应光滑牢固，不应有缝隙。

9）金属保护壳的施工应符合下列规定：

① 金属保护壳板材的连接应牢固严密，外表应平整。

② 圆形保护壳应紧贴绝热层，不得有脱壳、褶皱、强行接口等现象。接口的搭接应顺水，并应有凸筋加强，搭接尺寸应为 20～25mm。采用自攻螺丝固定时，螺钉间距应匀称，且不得刺破防潮层。

③ 矩形保护壳表面应平整，楞角应规则，圆弧应均匀，底部与顶部不得有明显的凸肚及凹陷。

④ 户外金属保护壳的纵、横向接缝，应顺水，其纵向接缝应位于管道的侧面。保护壳与外墙面或屋顶的交接处应加设泛水，且不应渗漏。

10）管道或管道绝热层的外表面，应按设计要求进行标色。

3.6.4 安全与环保措施

1. 防腐工程施工中，应采取防止污染环境和侵害作业人员健康的措施。

2. 绝热施工应根据施工位置和现场的作业条件，采用相应的防止高空坠落和物体打击的技术措施。

3. 在地下或封闭空间的场合施工时，应在施工前完善相应的通风技术措施。

第4章　消防设施工程

4.1　消火栓系统安装施工

4.1.1　施工要点

1. 消防水泵、消防水箱、消防水池、消防气压给水设备、消防水泵接合器等供水设施及其附属管道的安装，应清除其内部污垢和杂物。安装中断时，其敞口处应封闭。

2. 供水设施安装时，环境温度不应低于5℃，当环境温度低于5℃时，应采取防冻措施。

3. 消防管道支架均采用型钢制作，同种安装形式管道应采用同一形式，做到美观牢固。

4. 管网安装时，穿越楼板的管道必须加设套管，套管比穿越管大2号，套管高出装饰地面20mm，卫生间及厨房内的防水套管高出装饰地面50mm，下部与顶板平齐，套管间隙采用阻燃密实材料和防水油膏填实，端面光滑。管道穿越变形缝时应采取柔性连接。

5. 管网的安装位置应符合设计要求，管道安装过程中应做好与电气、空调、采暖及装饰专业的协调配合工作。

6. 消防水泵前应复核水泵基础混凝土强度、隔振装置、坐标、标高、尺寸和螺栓孔位置。

7. 消火栓箱安装方式根据设计要求，可分为暗装、半明半暗、明装。

4.1.2 质量要点

1. 暗装箱应在土建主体施工时做好预留洞工作，对混凝土墙上预留洞应防止混凝土施工胀模现象影响安装，并且应和电气配合，消防箱内的按钮配管工作应与开门方向一致。

2. 安装消火栓、箱时应保持框体面与墙体最终装饰面平齐，箱体安装时应找正找垂直，在预留洞稳固时采用木楔加固四角，不可加固边框以防止变形，加固好的消火栓箱体应及时填补洞与箱的边隙，填补工作做好加强措施以保证不产生裂缝。

3. 消火栓支管安装要以消火栓阀的坐标、标高定位用口。对于单栓箱，要保证栓口位于箱门开启的一侧，支管根据现场实际情况可采用后进水、侧进水或下进水方式，无论何种方式，应保证栓口中心距地 1.1m 高、距箱侧 140mm、箱后 100mm。

4. 当管道采用螺纹、法兰、承插、卡接等方式连接时，应符合下列要求：

1) 采用螺纹连接时，热浸镀锌钢管的管件宜采用现行国家标准 GB/T 3287《可锻铸铁管路连接件》的有关规定，热浸镀锌无缝钢管宜采用现行国家标准 GB/T 14383《锻制承插焊和螺纹管件》的有关规定。

2) 螺纹连接时螺纹应符合现行国家标准 GB 7306.2《55°密封管螺纹 第 2 部分：圆锥内螺纹和圆锥外螺纹》的有关规定，宜采用密封胶带作为螺纹接口的密封，密封带应在阳螺纹上施加。

3) 法兰连接时法兰的密封面形式和压力等级应与消防给水系统技术要求相符合。法兰类型根据连接形式宜采用平焊法兰、对焊法兰和螺纹法兰等，法兰选择必须符合现行国家标准 GB 9112《钢制管法兰　类型与参数》、GB/T 9113《整体钢制管法兰》、GB/T 12459《钢制对焊管件　类型与参数》和 GB/T 13404《管法兰用非金属聚四氟乙烯包覆垫片》的有关规定。

4）当热浸镀锌钢管采用法兰连接时应选用螺纹法兰。当必须焊接连接时，法兰焊接应符合现行国家标准 GB 50236《现场设备、工业管道焊接工程施工》和 GB 50235《工业金属管道工程施工规范》的有关规定。

5）球墨铸铁管承插连接时，应符合现行国家标准 GB 50268《给水排水管道工程施工及验收规范》的有关规定。

6）钢丝网骨架塑料复合管施工安装应符合现行国家标准 GB 50974《消防给水及消火栓系统技术规范》和现行行业标准 CJJ 101《埋地塑料给水管道工程技术规程》的有关规定。

7）管径大于 DN50 的管道不得使用螺纹活接头，在管道变径处应采用单体异径接头。

5. 沟槽式（卡箍）连接应符合下列规定：

1）沟槽式连接件（管接头）、钢管沟槽深度和钢管壁厚等，应符合现行国家标准 GB 5135.11《自动喷水灭火系统　第 11 部分：沟槽式管接件》的有关规定。

2）沟槽式管件连接时，其管道连接沟槽和开孔应用专用滚槽机和开孔机加工，并应做防腐处理；连接前应检查沟槽和孔洞尺寸，加工质量应符合技术要求，沟槽、孔洞处不应有毛刺、破损性裂纹和脏物。

3）机械三通开孔间距不应小于 1m，机械四通开孔间距应不小于 2m。

4）配水干管（立管）与配水管（水平管）连接，应采用沟槽式三通，不应采用机械三通。

5）沟槽连接件应采用三元乙丙橡胶（EDPM）C型密封胶圈，弹性应良好，安装压紧后C型密封胶圈中间应有空隙。

6. 消防水泵的出水管上应安装消声止回阀、控制阀和压力表；系统的总出水管上还应安装压力表和压力开关，安装压力表时应加设缓冲装置。压力表和缓冲装置之间应安装旋塞，压力表量程在没有设计要求时，应为系统工作压力的2～2.5倍。

4.1.3 质量验收

1. 主控项目

1）消防给水系统采用管材为钢管时，当设计工作压力小于或等于1.0MPa，水压强度试验压力为设计工作压力的1.5倍，且不应低于1.4MPa；当系统设计压力大于1.0MPa时，水压强度试验压力为该工作压力加0.4MPa，稳压保持30min，无明显渗漏且压力降不应大于0.05MPa为检查合格。

2）室内消火栓系统安装后应采取屋顶层（或水箱间内）试验消火栓和首层两处消火栓做试射试验，达到设计要求为合格。

2. 一般项目

1）消防水池和消防水箱安装施工应符合下列要求：

① 消防水池和消防水箱的有效容积、安装位置应符合设计要求。

② 消防水池、消防水箱的施工和安装，应符合现行国家标准GB 50141《给水排水构筑物工程施工及验收规范》

和 GB 50242《建筑给水排水及采暖工程施工质量验收规范》的有关规定。

③ 消防水池和消防水箱出水管或水泵吸水管应满足最低有效水位出水不渗气的技术要求。

④ 安装时池外壁与建筑本体结构墙面或其他池壁之间的净距，应满足施工、装配和检修的需要。无管道的侧面，净距不宜小于 0.7m；有管道的侧面，净距不宜小于 1.0m；且管道外壁与建筑本体墙面之间的通道宽度不宜小于 0.6m；设有人孔的池顶，顶板面与上面建筑本体板底的净空不应小于 0.8m。

⑤ 钢筋混凝土消防水池或消防水箱的进水管、出水管应加设防水套管，对有振动的管道应加设柔性接头，组合式消防水池或消防水箱的进水管、出水管接头宜采用法兰连接，采用其他连接时应做防锈处理。

⑥ 消防水池、消防水箱的溢流管、泄水管不得与生产或生活用水的排水系统直接相连，应采用间接排水方式。

2）室内消火栓及消防软管卷盘的安装应符合下列规定：

① 室内消火栓及消防软管卷盘的类型、规格应符合设计要求。

② 同一建筑物内设置的消火栓、消防软管卷盘应采用统一规格的栓口、水枪和水带及配件。

③ 试验用消火栓栓口处应设置压力表。

④ 当消火栓设置减压装置时，检查减压装置应符合设计要求，且安装时应有防止砂石等杂物进入栓口的措施。

⑤ 室内消火栓及消防软管卷盘应设置明显的永久性固定标志，当室内消火栓因美观要求需要隐蔽安装时，应有明显的标志，并应便于开启使用。

⑥ 室内消火栓栓口出水方向宜向下或与设置消火栓的墙面成90°角，栓口不应安装在门轴侧。

⑦ 消火栓栓口高度为1.1m，特殊地点的高度可以特殊对待，允许偏差±20mm。

3）消火栓箱的安装应符合下列要求：

① 消火栓启闭阀门的设置位置应便于操作使用，阀门的中心距箱侧面应为140mm，距箱后内表面应为100mm，允许偏差±5mm。

② 室内消火栓箱的安装应平正、牢固，暗装的消火栓箱不应破坏隔墙的耐火等级。

③ 箱体安装的垂直度允许偏差为±3mm。

④ 消火栓箱门的开启不应小于120°。

⑤ 安装消火栓水龙带，水龙带与消防水枪和快速接头绑扎好后，应根据箱内构造将水龙带放置。

⑥ 双向开门消火栓应有耐火等级应符合设计要求，当设计无要求时应至少满足1h耐火极限要求。

⑦ 消火栓箱门上应用红色字体注明"消火栓"字样。

4）消防水泵接合器的安装应符合下列规定：

① 组装式消防水泵接合器的安装，应按接口、本体、连接管、止回阀、安全阀、放空管、控制阀的顺序进行，止回阀的安装方向应使消防用水能从消防水泵接合器进入系统，整体式消防水泵接合器的安装，按其使用安装说明书进行。

② 消防水泵接合器的设置位置应符合设计要求。

③ 消防水泵接合器永久性固定标志应能识别其所对应的消防给水系统或水灭火系统，当有分区时应有分区标志。

④ 地下消防水泵接合器应采用铸有"消防水泵接合器"

标志的铸铁井盖，并在附近设置指示其位置的永久性固定标志。

⑤ 墙壁消防水泵接合器的安装应符合设计要求。设计无要求时，其安装高度距地面宜为 0.7m；与墙面上的门、窗、孔、洞的净距离不应小于 2.0m，且不应安装在玻璃幕墙下方。

⑥ 地下消防水泵接合器的安装，应使进水口与井盖底面的距离不大于 0.4m，且不应小于井盖的半径。

⑦ 消火栓水泵接合器与消防通道之间不应设有妨碍消防车加压供水的障碍物。

⑧ 地下消防水泵接合器井的砌筑应有防水和排水措施。

4.1.4 安全与环保措施

1. 施工机械应符合现行行业标准 JGJ 33《建筑机械使用安全技术规程》及 JGJ 46《施工现场临时用电安全技术规范》的有关规定，施工中应定期对其进行检查、维修，保证机械使用安全。施工人员应经安全技术交底和安全文明施工教育后才可进入工地施工操作，施工现场应加强安全管理，安排专职安全巡逻员，设置黄沙桶、灭火器等消防设备。施工现场应安排专人洒水、清扫。

2. 施工操作中，工具要随手放入工具袋内，上下传递材料或工具时不得抛掷。

3. 消火栓设备应存放在专用仓库中，并安排专人保管。仓库应远离易燃物品仓库，并且库房周围 20m 以内禁止堆放易燃物品。各种管道应平整的存在在仓库内，应设置垫木防止踩踏、变形等损伤。

4. 支、吊架涂漆时，应采取保护措施，避免对周围的墙面、地面、工艺设备造成二次污染。施工作业面保持整洁，不应将建筑垃圾随意抛撒、乱弃；施工中的垃圾、废料、废物要及时清运，做到文明施工，工完场清，垃圾定点堆放。油漆桶等包装材料应及时回收，以免污染空气。

5. 对施工现场场界噪声进行检测和记录，噪声排放不得超过国家标准。施工场地的强噪声设备宜设置在远离居民区的一侧，可采取对强噪声设备进行封闭等降低噪声措施。

6. 建筑施工材料设备宜就地取材，宜优先采用施工现场 500km 以内的施工材料。施工现场应建立封闭式垃圾站，并对建筑垃圾按不可再利用垃圾与可再利用垃圾进行分别存放，对可循环利用的建筑垃圾进行再分类，建立相应的项目部台账。

4.2 自动喷淋灭火系统安装施工

4.2.1 施工要点

1. 消防水泵、消防水箱、消防水池、消防气压给水设备、消防水泵接合器等供水设施及其附属管道的安装，应清除其内部污垢和杂物。安装中断时，其敞口处应封闭。

2. 供水设施安装时，环境温度不应低于 5℃；当环境温度低于 5℃时，应采取防冻措施。

3. 管道穿过建筑物的变形缝时，应采取抗变形措施。穿过墙体或楼板时应加设套管，套管长度不得小于墙体厚度，穿过楼板的套管其顶部应高出装饰地面 20mm，穿过卫生间或厨房楼板的套管，其顶部应高出装饰地面 50mm，且套管底部应与楼板底面相平。套管与管道的间隙应采用不燃材料填塞密实。

4. 管网采用钢管时，其材质应符合现行国家标准

GB/T 8163《输送流体用无缝钢管》、GB/T 3091《低压流体输送用焊接钢管》的有关规定。当使用铜管、不锈钢管等其他管材时，应符合相应技术标准的要求。

5. 消防管道支架均采用型钢制作，同种安装形式管道应采用同一形式，做到美观牢固。

6. 管网的安装位置应符合设计要求，管道安装过程中应做好与电气、通风空调、采暖及装饰专业的协调配合工作。

7. 消防水泵前应复核水泵基础混凝土强度、隔振装置、坐标、标高、尺寸和螺栓孔位置。

8. 吸水管及其附件的安装应符合下列要求：

1）吸水管上应设过滤器，并应安装在控制阀后。

2）吸水管上的控制阀应在消防水泵固定于基础上之后再进行安装，其直径不应小于消防水泵吸水口直径，且不应采用没有可靠锁定装置的蝶阀，蝶阀应采用沟槽式或法兰式蝶阀。

3）当消防水泵和消防水池位于独立的两个基础上且相互为刚性连接时，吸水管上应加设柔性连接管。

4）吸水管水平管段上不应有气囊和漏气现象。变径连接时，应采用偏心异径管件并应采用管顶平接。

4.2.2 质量要点

1. 喷头、报警阀组、压力开关、水流指示器、消防水泵、水泵接合器等系统主要组件，应经国家消防产品质量监督检验中心检测合格；稳压泵、自动排气阀、信号阀、多功能水泵控制阀、止回阀、泄压阀、减压阀、蝶阀、闸阀、压力表等，应经相应国家产品质量监督检验中心检测合格。

2. 管网安装前应校直管道，并清除管道内部的杂物；

在具有腐蚀性的场所，安装前应按设计要求对管道、管件等进行防腐处理；安装时应随时清除管道内部的杂物。

3. 沟槽式管件连接应符合下列要求：

1）沟槽式连接件（管接头）、钢管沟槽深度和钢管壁厚等，应符合现行国家标准 GB 5135.11《自动喷水灭火系统 第 11 部分：沟槽式管接件》的有关规定。

2）沟槽式管件连接时，其管道连接沟槽和开孔应用专用滚槽机和开孔机加工，并应做防腐处理；连接前应检查沟槽和孔洞尺寸，加工质量应符合技术要求；沟槽、孔洞处不得有毛刺、破损性裂纹和脏物。

3）橡胶密封圈应无破损和变形。

4）沟槽式管件的凸边应卡进沟槽后再紧固螺栓，两边应同时紧固，紧固时发现橡胶圈起皱应更换新橡胶圈，观察检查。

5）机械三通连接时，应检查机械三通与孔洞的间隙，各部位应均匀，然后再紧固到位。机械三通开孔间距不应小于 500mm，机械四通开孔间距不应小于 1000mm；机械三通、机械四通连接时支管的口径应满足表 4-1 的规定。

表 4-1　采用支管接头（机械三通、机械四通）时
支管的最大允许管径（mm）

主管直径 DN		50	65	80	100	125	150	200	250
支管直径 DN	机械三通	25	40	40	65	80	100	100	100
	机械四通	—	32	40	50	65	80	100	100

6）配水干管（立管）与配水管（水平管）连接，应采用沟槽式管件，不应采用机械三通。

7）埋地的沟槽式管件的螺栓、螺帽应作防腐处理。水

泵房内的埋地管道连接应采用挠性接头。

4.螺纹连接应符合下列要求：

1）管道宜采用机械切割，切割面不得有飞边、毛刺；管道螺纹密封面应符合现行国家标准 GB/T 196《普通螺纹 基本尺寸》、GB/T 197《普通螺纹 公差》、GB/T 1414《普通螺纹 管路系列》的有关规定。

2）当管道变径时，宜采用异径接头，在管道弯头处不宜采用补芯。当需要采用补芯时，三通上可用 1 个，四通上不应超过 2 个；公称直径大于 50mm 的管道不宜采用活接头。

3）螺纹连接的密封填料应均匀附着在管道的螺纹部分，拧紧螺纹时，不得将填料挤入管道内；连接后，应将连接处外部清理干净。

5.法兰连接可采用焊接法兰或螺纹法兰。焊接法兰焊接处应做防腐处理，并宜重新镀锌后再连接。焊接应符合现行国家标准 GB 50235《工业金属管道工程施工规范》、GB 50236《现场设备、工业管道焊接工程施工规范》的有关规定。螺纹法兰连接应预测对接位置，清除外露密封填料后再紧固、连接。

6.喷头的现场检验应符合下列要求：

1）喷头的商标、型号、公称动作温度、响应时间指数（RTI）、制造厂及生产日期等标志应齐全；

2）喷头的型号、规格等应符合设计要求；

3）喷头外观应无加工缺陷和机械损伤；

4）喷头螺纹密封面应无伤痕、毛刺、缺丝或断丝现象；

5）闭式喷头应进行密封性能试验，以无渗漏、无损伤为合格。试验数量宜从每批中抽查 1%，但不得少于 5 只，试验压力应为 3.0MPa，保压时间不得少于 3min。当两只及两只以上不合格时，不得使用该批喷头。当仅有一只不合格时，应再抽查 2%，但不得少于 10 只，并重新进行密封性能试验；当仍有不合格时，亦不得使用该批喷头。

7. 消防水泵的出水管上应安装消声止回阀、控制阀和压力表；系统的总出水管上还应安装压力表和压力开关，安装压力表时应加设缓冲装置。压力表和缓冲装置之间应安装旋塞；压力表量程在没有设计要求时，应为系统工作压力的 2～2.5 倍。

4.2.3 质量验收

1. 主控项目

1）热镀锌钢管安装应采用螺纹、沟槽式管件或法兰连接。管道连接后不应减小过水横断面面积。

2）组装式消防水泵接合器的安装，应按接口、本体、连接管、止回阀、安全阀、放空管、控制阀的顺序进行，止回阀的安装方向应使消防用水能从消防水泵接合器进入系统；整体式消防水泵接合器的安装，按其使用安装说明书进行。

3）墙壁消防水泵接合器的安装应符合设计要求。设计无要求时，其安装高度距地面宜为 0.7m；与墙面上的门、窗、孔、洞的净距离不应小于 2.0m，且不应安装在玻璃幕墙下方。

4）喷头安装应在系统试压、冲洗合格后进行。

5）喷头安装时，不得对喷头进行拆装、改动，并严禁给喷头附加任何装饰性涂层。

①喷头安装应使用专用扳手，严禁利用喷头的框架施拧；喷头的框架、溅水盘产生变形或释放原件损伤时，应采

用规格、型号相同的喷头更换；

②安装在易受机械损伤处的喷头，应加设喷头防护罩；

③喷头安装时，溅水盘与吊顶、门、窗、洞口或障碍物的距离应符合设计要求；

④安装前检查喷头的型号、规格、使用场所应符合设计要求。

6）报警阀组的安装应在供水管网试压、冲洗合格后进行。安装时应先安装水源控制阀、报警阀，然后进行报警阀辅助管道的连接。水源控制阀、报警阀与配水干管的连接，应使水流方向一致。报警阀组安装的位置应符合设计要求；当设计无要求时，报警阀组应安装在便于操作的明显位置，距室内地面高度宜为 1.2m，两侧与墙的距离应不小于0.5m，正面与墙的距离应不小于 1.2m，报警阀组凸出部位之间的距离不应小于 0.5m。安装报警阀组的室内地面应有排水设施。

7）消防给水系统采用管材为钢管时，当系统设计工作压力等于或小于 1.0MPa 时，水压强度试验压力应为设计工作压力的 1.5 倍，并应不低于 1.4MPa；当系统设计工作压力大于 1.0MPa 时，水压强度试验压力应为该工作压力加 0.4MPa。

8）水压强度试验的测试点应设在系统管网的最低点。对管网注水时，应将管网内的空气排净，并应缓慢升压，达到试验压力后，稳压 30min 后，管网应无泄漏、无变形，且压力降不应大于 0.05MPa。

9）水压严密性试验应在水压强度试验和管网冲洗合格后进行。试验压力应为设计工作压力，稳压 24h，应无泄漏。

10）水流指示器的安装应符合下列要求：

①水流指示器的安装应在管道试压和冲洗合格后进行，水流指示器的规格、型号应符合设计要求；

②水流指示器应使电器元件部位竖直安装在水平管道上侧，其动作方向应和水流方向一致；安装后的水流指示器桨片、膜片应动作灵活，不应与管壁发生碰擦。

11）控制阀的规格、型号和安装位置均应符合设计要求，安装方向应正确，控制阀内应清洁、无堵塞、无渗漏。主要控制阀应加设启闭标志，隐蔽处的控制阀应在明显处设有指示其位置的标志。

12）压力开关应竖直安装在通往水力警铃的管道上，且不应在安装中拆装改动。管网上的压力控制装置的安装应符合设计要求。

13）水力警铃应安装在公共通道或值班室附近的外墙上，且应安装检修、测试用的阀门。水力警铃和报警阀的连接应采用热镀锌钢管，当镀锌钢管的公称直径为 20mm 时，其长度不宜大于 20m；安装后的水力警铃启动时，警铃声强度应不小于 70dB。

14）末端试水装置和试水阀的安装位置应便于检查、试验，并应有相应排水能力的排水设施。

2. 一般项目

1）管道的安装位置应符合设计要求。当设计无要求时，管道的中心线与梁、柱、楼板等最小距离应符合表 4-2 的规定。

表 4-2　管道的中心线与梁、柱、楼板的最小距离

公称直径（mm）	25	32	40	50	70	80	100	125	150	200
距离（mm）	40	40	50	60	70	80	100	125	150	200

2）管道支架、吊架、防晃支架的安装应符合下列要求：

① 管道应固定牢固，管道支架或吊架之间的距离不应大于表 4-3 的规定。

表 4-3　管道支架或吊架之间的距离

公称直径(mm)	25	32	40	50	70	80	100	125	150	200	250	300
距离（m）	3.5	4.0	4.5	5.0	6.0	6.0	6.5	7.0	8.0	9.5	11.0	12.0

② 管道支架、吊架、防晃支架的型式、材质、加工尺寸及焊接质量等，应符合设计要求和国家现行有关标准的规定。

③ 管道支架、吊架的安装位置不应妨碍喷头的喷水效果；管道支架、吊架与喷头之间的距离不宜小于 300mm；与末端喷头之间的距离不宜大于 750mm。

④ 配水支管上每一直管段、相邻两喷头之间的管段设置的吊架均不宜少于 1 个，吊架的间距不宜大于 3.6m。

⑤ 当管道的公称直径等于或大于 50mm 时，每段配水干管或配水管设置防晃支架不应少于 1 个，且防晃支架的间距不宜大于 15m；当管道改变方向时，应增设防晃支架。

⑥ 竖直安装的配水干管除中间用管卡固定外，还应在其始端和终端设防晃支架或采用管卡固定，其安装位置距地面或楼面的距离宜为 1.5～1.8m。

3）管道横向安装宜设 2%～5% 的坡度，且应坡向排水管，当局部区域难以利用排水管将水排净时，应采取相应的排水措施。当喷头数量小于或等于 5 只时，可在管道低凹处加设堵头；当喷头数量大于 5 只时，宜装设带阀门的排水管。

4）配水干管、配水管应做红色或红色环圈标志。红色环圈标志，宽度不应小于 20mm，间隔不宜大于 4m，在一个独立的单元内环圈不宜少于 2 处。

5）信号阀应安装在水流指示器前的管道上，与水流指示器之间的距离不宜小于 300mm。

6）减压阀水流方向应与供水管网水流方向一致。

7）当喷头溅水盘高于附近梁底或高于宽度小于 1.2m 的通风管道、排管、桥架腹面时，喷头溅水盘高于梁底、通风管道、排管、桥架腹面的最大垂直距离应符合表 4-4～表 4-10 的规定（图 4-1）。

表 4-4　喷头溅水盘高于梁底、通风管道腹面的最大垂直距离
（直立与下垂喷头）

喷头与梁、通风管道、排管、桥架的水平距离 a（mm）	喷头溅水盘高于梁底、通风管道、排管、桥架腹面的最大垂直距离 b（mm）
$a<300$	0
$300≤a<600$	90
$600≤a<900$	190
$900≤a<1200$	300
$1200≤a<1500$	420
$a≥1500$	460

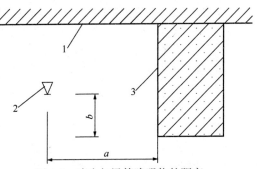

图 4-1　喷头与梁等障碍物的距离
1—天花板或屋顶；2—喷头；3—障碍物

153

表 4-5　喷头溅水盘高于梁底、通风管道腹面的最大垂直距离
（边墙型喷头与障碍物平行）

喷头与梁、通风管道、排管、桥架的水平距离 a（mm）	喷头溅水盘高于梁底、通风管道、排管、桥架腹面的最大垂直距离 b（mm）
$a<150$	25
$150{\leqslant}a<450$	80
$450{\leqslant}a<750$	150
$750{\leqslant}a<1050$	200
$1050{\leqslant}a<1350$	250
$1350{\leqslant}a<1650$	320
$1650{\leqslant}a<1950$	380
$1950{\leqslant}a<2250$	440

表 4-6　喷头溅水盘高于梁底、通风管道腹面的最大垂直距离
（边墙型喷头与障碍物垂直）

喷头与梁、通风管道、排管、桥架的水平距离 a（mm）	喷头溅水盘高于梁底、通风管道、排管、桥架腹面的最大垂直距离 b（mm）
$a<1200$	不允许
$1200{\leqslant}a<1500$	25
$1500{\leqslant}a<1800$	80
$1800{\leqslant}a<2100$	150
$2100{\leqslant}a<2400$	230
$a{\geqslant}2400$	360

154

表 4-7 喷头溅水盘高于梁底、通风管道腹面的最大垂直距离
(扩大覆盖面直立与下垂喷头)

喷头与梁、通风管道、排管、桥架的水平距离 a(mm)	喷头溅水盘高于梁底、通风管道、排管、桥架腹面的最大垂直距离 b(mm)
$a<450$	0
$450\leqslant a<900$	25
$900\leqslant a<1350$	125
$1350\leqslant a<1800$	180
$1800\leqslant a<2250$	280
$a\geqslant 2250$	360

表 4-8 喷头溅水盘高于梁底、通风管道腹面的最大垂直距离
(扩大覆盖面边墙型喷头)

喷头与梁、通风管道、排管、桥架的水平距离 a(mm)	喷头溅水盘高于梁底、通风管道、排管、桥架腹面的最大垂直距离 b(mm)
$a<2440$	不允许
$2440\leqslant a<3050$	25
$3050\leqslant a<3350$	50
$3350\leqslant a<3660$	75
$3660\leqslant a<3960$	100
$3960\leqslant a<4270$	150
$4270\leqslant a<4570$	180
$4570\leqslant a<4880$	230
$4880\leqslant a<5180$	280
$a\geqslant 5180$	360

表 4-9 喷头溅水盘高于梁底、通风管道腹面的最大垂直距离
（大水滴喷头）

喷头与梁、通风管道、 排管、桥架的水平距离 a（mm）	喷头溅水盘高于梁底、通风管道、 排管、桥架腹面的最大垂直距离 b（mm）
$a<300$	0
$300\leqslant a<600$	80
$600\leqslant a<900$	200
$900\leqslant a<1200$	300
$1200\leqslant a<1500$	460
$1500\leqslant a<1800$	660
$a\geqslant1800$	790

表 4-10 喷头溅水盘高于梁底、通风管道腹面的最大垂直距离
（ESFR 喷头）

喷头与梁、通风管道、 排管、桥架的水平距离 a（mm）	喷头溅水盘高于梁底、通风管道、 排管、桥架腹面的最大垂直距离 b（mm）
$a<300$	0
$300\leqslant a<600$	80
$600\leqslant a<900$	200
$900\leqslant a<1200$	300
$1200\leqslant a<1500$	460
$1500\leqslant a<1800$	660
$a\geqslant1800$	790

8）当梁、通风管道、排管、桥架宽度大于 1.2m 时，增设的喷头应安装在其腹面以下部位。

9）当喷头安装在不到顶的隔断附近时，喷头与隔断的

水平距离和最小垂直距离应符合表 4-11～表 4-13 的规定（图 4-2）。

表 4-11 喷头与隔断的水平距离和最小垂直距离
（直立与下垂喷头）

喷头与隔断的水平距离 a（mm）	喷头与隔断的最小垂直距离 b（mm）
$a<150$	75
$150\leqslant a<300$	150
$300\leqslant a<450$	240
$450\leqslant a<600$	320
$600\leqslant a<750$	390
$a\geqslant750$	460

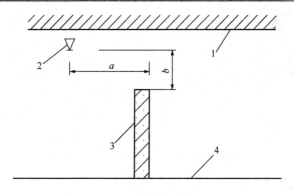

图 4-2　喷头与隔断障碍物的距离
1—天花板或屋顶；2—喷头；3—障碍物；4—地板

表 4-12 喷头与隔断的水平距离和最小垂直距离（扩大覆盖面喷头）

喷头与隔断的水平距离 a（mm）	喷头与隔断的最小垂直距离 b（mm）
$a<150$	80
$150\leqslant a<300$	150

喷头与隔断的水平距离 a（mm）	喷头与隔断的最小垂直距离 b（mm）
$300 \leqslant a < 450$	240
$450 \leqslant a < 600$	320
$600 \leqslant a < 750$	390
$a \geqslant 750$	460

表 4-13　喷头与隔断的水平距离和最小垂直距离（大水滴喷头）

喷头与隔断的水平距离 a（mm）	喷头与隔断的最小垂直距离 b（mm）
$a < 150$	40
$150 \leqslant a < 300$	80
$300 \leqslant a < 450$	100
$450 \leqslant a < 600$	130
$600 \leqslant a < 750$	140
$750 \leqslant a < 900$	150

10）自动喷水灭火系统的水源干管、进户管和室内埋地管道应在回填前单独或与系统一起进行水压强度试验和水压严密性试验。

4.2.4　安全与环保措施

1. 施工机械应符合现行行业标准 JGJ 33《建筑机械使用安全技术规程》及 JGJ 46《施工现场临时用电安全技术规范》的有关规定，施工中应定期对其进行检查、维修，保证机械使用安全。

2. 施工人员应经安全技术交底和安全文明施工教育后才可进入工地施工操作，施工现场应加强安全管理，安排专职安全巡逻员，设置黄沙桶、灭火器等消防设备。施工现场应安排专人洒水、清扫。

3. 材料设备应存放在专用仓库中，并安排专人保管。仓库应远离易燃物品仓库，并且库房周围 20m 以内禁止堆放易燃物品。各种管道应平整的存放在仓库内，应设置垫木防止踩踏、变形等损伤。

4. 施工作业面保持整洁，不应将建筑垃圾随意抛撒、乱弃；施工中的垃圾、废料、废物要及时清运，做到文明施工，工完场清，垃圾定点堆放。油漆桶等包装材料应及时回收，以免污染空气。

5. 对施工现场场界噪声进行检测和记录，噪声排放不得超过国家标准。施工场地的强噪声设备宜设置在远离居民区的一侧，可采取对强噪声设备进行封闭等降低噪声措施。

6. 建筑施工材料设备宜就地取材，宜优先采用施工现场 500km 以内的施工材料。施工现场应建立封闭式垃圾站，并对建筑垃圾按不可再利用垃圾与可再利用垃圾进行分别存放，对可循环利用的建筑垃圾进行再分类，建立相应的项目部台账。

7. 落地扣件式钢管脚手架在搭设前必须按照现行行业标准 JGJ 130《建筑施工扣件式钢管脚手架安全技术规范》进行设计计算，单独编制脚手架专项施工方案，并由项目技术负责人向施工人员和使用人员进行技术交底，其设计计算书与安全措施须经企业技术负责人审批。

4.3 火灾自动报警及消防联动系统安装

4.3.1 施工要点

1. 火灾自动报警系统施工，必须按照经消防主管部门审核通过的消防设计图纸进行施工，不得擅自改动。工程设计修改须经原设计单位认可。

2. 金属管子入盒，盒外侧应套锁母，内侧应装护口，在吊顶内敷设时，盒的内外侧均应套锁母。塑料管入盒应采取相应固定措施。

3. 明敷设各类管路和线槽时，应采用单独的卡具吊装或支撑物固定。吊装线槽或管路的吊杆直径不应小于6mm。

4. 桥架安装应在桥架路线安装抹灰工作已完成后，预留孔洞经检查符合图纸要求，安装面清理干净后进行。

5. 消防报警电缆及导线宜用专用桥架敷设，桥架应做保护接地。敷设线路时，强弱电线路应避免平行敷设，若必须平行敷设，其距离应按有关规定执行，并按规范或设计要求采取防火保护措施。

6. 导线在管内或线槽内，不应有接头或扭结。导线的接头，应在接线盒内焊接或用端子连接。

7. 从接线盒、线槽等处引到探测器底座、控制设备、扬声器的线路，当采用金属软管保护时，其长度不应大于2m。

8. 火灾报警控制器、可燃气体报警控制器、区域显示器、消防联动控制器等控制器类设备（以下称控制器）在墙上安装时，其底边距地（楼）面高度宜为1.3～1.5m，其靠近门轴的侧面距墙不应小于0.5m，正面操作距离不应小于1.2m；落地安装时，其底边宜高出地（楼）面0.1～0.2m。

9. 控制器应安装牢固，不应倾斜；安装在轻质墙上时，应采取加固措施。

10. 消防联动控制盘应能直接接收来自火灾报警控制器或火灾触发器的相关火灾报警信号，并发出声光报警信号。声光报警信号应能手动消除，声光报警信号在消防联动控制设备复位前应予以保持；消防联动控制设备接收到火灾报警信号，应能 3s 内发出联动控制信号。特殊情况需设置延时时间，其最大延时时间不应超过 10min；

11. 火灾自动报警系统施工过程中，施工单位应做好施工（包括隐蔽工程验收）、检验（包括绝缘电阻、接地电阻）、调试、设计变更等相关记录。

4.3.2 质量要点

1. 消火栓按钮宜安在面对消火栓箱右侧 15～20cm，距地面 1.5m 高度处，如消火栓箱右侧无安装位置，宜将消火栓按钮安装在消火栓箱内，但接线盒不宜设在消火栓箱后面。

2. 探测器与障碍物之间允许间距应符合表 4-14 的要求。

表 4-14　探测器与障碍物之间允许间距

项目	允许间距（m）
探测器与灯具	≥0.5
探测器与扬声器	≥0.5
探测器与喷头	≥0.3
探测器与多孔送风口	≥0.5
探测器与送风口	≥1.5
探测器与防火门、防火卷帘	1～2
探测器与墙、600mm 高的梁	≥0.5
其他	当梁凸出顶棚的高度超过 600mm 时，被梁隔断的区域应增设探测器
	探测器周围 0.5m 内，不应有遮挡物

3. 在宽度小于 3m 以内走道顶上设置探测器时宜居中布

置，温感探测器安装距离不应超过 10m，感烟探测器安装距离不应超过 15m，探测器距端墙距离不应大于探测器安装距离的一半。探测器宜水平安装，如必须倾斜安装，其倾斜角不应大于 45°。

4. 敷设在多尘或潮湿场所管路的管口和管子连接处，均应作密封处理。

5. 管路超过下列长度时，应在便于接线处装设接线盒：

1）管子长度每超过 30m，无弯曲时；

2）管子长度每超过 20m，有 1 个弯曲时；

3）管子长度每超过 10m，有 2 个弯曲时；

4）管子长度每超过 8m，有 3 个弯曲时。

6. 线槽敷设时，应在下列部位设置吊点或支点：

1）线槽始端、终端及接头处；

2）距接线盒 0.2m 处；

3）线槽转角或分支处；

4）直线段不大于 3m 处。

7. 引入控制器的电缆或导线，应符合下列要求：

1）配线应整齐，不宜交叉，并应固定牢靠；

2）电缆芯线和所配导线的端部，均应标明编号，并与图纸一致，字迹应清晰且不易褪色；

3）端子板的每个接线端，接线不得超过 2 根；

4）电缆芯线和导线，应留有不小于 200mm 的余量；

5）导线应绑扎成束；

6）导线穿管、线槽后，应将管口、槽口封堵。

8. 火灾光警报装置应安装在安全出口附近明显处，距地面 1.8m 以上。火灾光警报器与消防应急疏散指示标志不宜在同一面墙上，安装在同一面墙上时，距离应大于 1m。

9. 消防电话、电话插孔、带电话插孔的手动报警按钮宜安装在明显、便于操作的位置，当在墙上安装时，其底边距地（楼）面高度宜为 1.3～1.5m。

10. 消防电话和电话插孔应有明显的永久性标志。

4.3.3 质量验收

1. 主控项目

1）在智能建筑工程中，火灾自动报警及消防联动系统的检测应按现行国家标准 GB 50166《火灾自动报警系统施工及验收规范》的规定执行。

2）火灾自动报警及消防联动系统应是独立的系统。

3）除 GB 50166 中规定的各种联动外，当火灾自动报警及消防联动系统还与其他系统具备联动关系时，其检测按规范要求拟定检测方案，并按检测方案进行，但检测程序不得与 GB 50166 的规定相抵触。

4）火灾自动报警系统的电磁兼容性防护功能，应符合现行国家标准 GB 16838《消防电子产品 环境试验方法和严酷等级》的有关规定。

2. 一般项目

1）检测火灾报警控制器的汉化图形显示界面及中文屏幕菜单等功能，并进行操作试验。

2）检测消防控制室向建筑设备监控系统传输、显示火灾报警信息的一致性和可靠性，检测与建筑设备监控系统的接口、建筑设备监控系统对火灾报警的响应及其火灾运行模式，应采用在现场模拟发出火灾报警信号的方式进行。

3）检测消防控制室与安全防范系统等其他子系统的接口和通信功能。

4）检测智能型火灾探测器的数量、性能及安装位置，普通型火灾探测器的数量及安装位置。

5) 新型消防设施的设置情况及功能检测应包括：

① 早期烟雾探测火灾报警系统；

② 大空间早期火灾智能检测系统、大空间红外图像矩阵火灾报警及灭火系统；

③ 可燃气体泄漏报警及联动控制系统。

6) 公共广播与紧急广播系统共用时，应符合现行国家标准 GB 50116《火灾自动报警系统设计规范》的要求。

7) 安全防范系统中相应的视频安防监控（录像、录音）系统、门禁系统、停车场（库）管理系统等对火灾报警的响应及火灾模式操作等功能的探测，应采用在现场模拟发出火灾报警信号的方式进行。

8) 当火灾自动报警从消防联动系统与其他系统合用控制室时，应满足现行国家标准 GB 50116《火灾自动报警系统设计规范》和 GB 50314《智能建筑设计标准》的相应规定，但消防控制系统应单独设置，其他系统也应合理布置。

4.3.4 安全与环保措施

1. 施工机械应符合现行行业标准 JGJ 33《建筑机械使用安全技术规程》及 JGJ 46《施工现场临时用电安全技术规范》的有关规定，施工中应定期对其进行检查、维修，保证机械使用安全。

2. 施工人员应经安全技术交底和安全文明施工教育后才可进入工地施工操作，施工现场应加强安全管理，安排专职安全巡逻员，设置黄沙桶、灭火器等消防设备。施工现场应安排专人洒水、清扫。

3. 材料设备应存放在专用仓库中，并安排专人保管。仓库应远离易燃物品仓库，并且库房周围 20m 以内禁止堆放易燃物品。各种管道应平整的存在在仓库内，应设置垫木防止踩踏、变形等损伤。

4. 施工作业面保持整洁，不应将建筑垃圾随意抛撒、乱弃；施工中的垃圾、废料、废物要及时清运，做到文明施工，工完场清，垃圾定点堆放。油漆桶等包装材料应及时回收，以免污染空气。

5. 对施工现场场界噪声进行检测和记录，噪声排放不得超过国家标准。施工场地的强噪声设备宜设置在远离居民区的一侧，可采取对强噪声设备进行封闭等降低噪声措施。

6. 建筑施工材料设备宜就地取材，宜优先采用施工现场 500km 以内的施工材料。施工现场应建立封闭式垃圾站，并对建筑垃圾按不可再利用垃圾与可再利用垃圾进行分别存放，对可循环利用的建筑垃圾进行再分类，建立相应的项目部台账。

7. 落地扣件式钢管脚手架在搭设前必须按照现行行业标准 JGJ 130《建筑施工扣件式钢管脚手架安全技术规范》进行设计计算，单独编制脚手架专项施工方案，并由项目技术负责人向施工人员和使用人员进行技术交底，其设计计算书与安全措施须经企业技术负责人审批。

第5章 智能建筑工程

5.1 综合布线系统

5.1.1 施工要点

1. 端接设备安装及续装时应确认电缆敷设已经完成，设备间土建及装修工程完成，具有清洁的环境和良好的照明条件，配线架已经安装好，核对电缆编号无误，剥除电缆护套时应采用专用开线器，不得刮伤绝缘层，电缆中间不得产生断接现象；端接前须准备好配线架、端接表，电缆端接依照端接表进行。

2. 模块化配线架在端接线对之前，首先要整理线缆，用带子将线缆缠绕在配线板的导入边缘上，最好是将线缆缠绕固定在垂直通道的挂架上，可保证在线缆移动期间避免线对的变形，当弯曲线对时，要保持合适的张力，以防毁坏单个的线对。

3. 面板安装时，信息插座应牢靠地安装在平坦的地方，外面有盖板。安装在活动地板或地面上的信息插座，应固定在接线盒内。插座面板有直立和水平形式，接线盒有开启口，可防尘。安装在墙体上的插座，应高出地面 30cm，若地面采用活动地板时，应加上活动地板内净高尺寸，固定螺钉需拧紧，不应有松动现象，信息插座应有标签。

4. 布放光缆应平直，不得产生扭绞、打圈等现象，不应受到外力挤压和损伤。光缆布放前，其两端应贴有标签，最好以直线方式敷设光缆，如有拐弯，光缆的弯曲半径在静止状态时至少应为光缆外径的 10 倍，在施工过程中至少应为 20 倍。

5. 机柜不宜直接安装在活动地板上，宜按设备的底平面尺寸制作底座，底座直接与地面固定，机柜固定在底座上，然后铺设活动地板。

6. 安装机架面板时，架前应预留有 800mm 空间，机架背面离墙距离应大于 600mm，以便于安装和施工，背板式配线架可直接由背板固定于墙面上。

7. 各类跳线的线缆盒与接插件间接触应良好，接线无误，标志齐全，长度应符合设计要求，一般对绞电缆跳线不应超过 5m，光缆跳线不应超过 10m。

5.1.2 质量要点

1. 预埋管线、盒应加强保护，及时安装保护盖板，防止污染阻塞管路或地面线槽。

2. 施工前核查线缆长度是否正确，调整信号频率，使其衰减符合设计要求，以免信号衰减严重，施工中应严格按照施工图核对色标，防止因系统接线错误不能正常运行。

3. 线缆的屏蔽层应可靠接地，同一线槽内的不同种类线缆应加隔板屏蔽，以防出现信号干扰。

5.1.3 质量验收

1. 主控项目

1）线缆敷设和终接的检测应符合现行国家标准 GB/T 50312《综合布线系统工程验收规范》的规定，应对以下项目进行检测：

① 缆线的弯曲半径；

② 预埋线槽和暗管的敷设；

③ 电源线与综合布线系统线缆应分隔布放，线缆间的最小净距应符合设计要求；

④ 建筑物内电、光缆暗管敷设及与其他管线之间的最小净距；

⑤ 对绞电缆芯线终接；

⑥ 光纤连接损耗值。

2）建筑群子系统采用架空、管道、直埋敷设电/光缆的检测要求应按照本地网络通信线路工程验收的相关规定执行。

3）机柜、机架、配线架安装的检测，应符合以下要求：

① 卡入配线架连接模块内的单根线缆色标应和线缆的色标一致，大对数电缆按标准色谱的组合规定进行排序；

② 端接于 RJ45 口的配线架的线序及排列方式可按 T568A 或 T568B 进行端接，但必须与信息插座模块的线序排列使用同一种标准。

4）信息插座安装在活动地板或地面上时，接线盒应严密防水、防尘。

5）系统监测应包括工程电气性能检测和光纤特性检测，按现行国家标准 GB/T 50312《综合布线系统工程验收规范》的有关规定执行。

2. 一般项目

1）线缆终接应符合现行国家标准 GB/T 50312《综合布线系统工程验收规范》的有关规定。

2）各类跳线的终接应符合现行国家标准 GB/T 50312《综合布线系统工程验收规范》的有关规定。

3）机柜、机架、配线架安装，应符合以下要求：

① 机柜不应直接安装在活动地板上，应按设备的底平面尺寸制作底座，底座直接与地面固定，机柜固定在底座上，底座高度应与活动地板高度相同，然后铺设活动地板，底座水平误差每平方米不应大于 2mm；

② 安装机架面板，架前应预留有 800mm 空间，机架背面离墙距离应大于 600mm；

③ 背板式跳线架应经配套的金属背板及接线管理架安装在墙壁上，金属背板与墙壁应紧固；

④ 壁挂式机柜地面距离地面不宜小于 300mm；

⑤ 桥架或线槽应直接进入机架或机柜内；

⑥ 接线端子各种标志齐全。

4）信息插座的安装要求应执行 GB/T 50312《综合布线系统工程验收规范》的有关规定。

5）光缆芯线终端的连接盒面板应有标志。

6）采用计算机进行综合布线系统管理和维护时，应按下列内容进行检测：

① 中文平台、系统管理软件；

② 显示所有硬件设备及其楼层平面图；

③ 显示干线子系统和配线子系统的元件位置；

④ 实时显示和登录各种硬件设施的工作状态。

5.1.4 安全与环保措施

1. 施工机械应符合现行行业标准 JGJ 33《建筑机械使用安全技术规程》及 JGJ 46《施工现场临时用电安全技术规范》的有关规定，施工中应定期对其进行检查、维修，保证机械使用安全。施工人员应经安全技术交底和安全文明施工教育后才可进入工地施工操作，施工现场应加强安全管理，安排专职安全巡逻员，设置黄沙桶、灭火器等消防设备。施工现场应安排专人洒水、清扫。

2. 使用电动工具时，应核对电源电压，并安装漏电保护装置，使用前必须做空载试运转。在管道井或光线暗淡的地下室等地方施工时，照明电压应确保安全。

3. 带电作业时，工作人员必须穿绝缘鞋，并且至少两人作业，其中一人操作，另一人监护。设备通电调试前，必须检查线路接线是否正确，保护措施是否齐全，确认无误后方可通电调试。使用的靠梯、高凳、人字梯应完好，不应垫高使用，使用人字梯其角度应在 60°左右，并用绳索扎牢，下端采取防滑措施。

4. 管线应存放在专用仓库中，并安排专人保管，避免阳光直射、高温。仓库应远离易燃物品仓库，并且库房周围 20m 以内禁止堆放易燃物品。各种管道应平整的存放在仓库内，应设置垫木防止踩踏、变形等损伤。建筑施工使用的材料宜就地取材，宜优先采用施工现场 500km 以内的施工材料。

5. 对施工现场场界噪声进行检测和记录，噪声排放不得超过国家标准。施工作业面应保持整洁，做到文明施工，工完场清，施工现场应安排专人洒水、清扫。

6. 施工现场应建立封闭式垃圾站，并对建筑垃圾按不可再利用垃圾与可再利用垃圾进行分别存放，对可循环利用的建筑垃圾进行再分类，建立相应的项目部台账。

7. 落地扣件式钢管脚手架在搭设前必须按照现行行业标准 JGJ 130《建筑施工扣件式钢管脚手架安全技术规范》进行设计计算，单独编制脚手架专项施工方案，并由项目技术负责人向施工人员和使用人员进行技术交底，其设计计算书与安全措施须经企业技术负责人审批。

5.2 信息网络系统

5.2.1 施工要点

1. 信息网络系统工程实施前应具备下列条件：

1）系统安全专用产品必须具有公安部计算机管理监察部门审批颁发的计算机信息系统安全专用产品销售许可证；

2）机房工程应整体施工完毕，机房环境、电源及接地安装已完成且具备安装条件，综合布线系统施工完毕且已通过系统检测并具备竣工验收的条件。

2. 信息网络系统的设备进场应符合下列规定：

1）对有序列号的设备应登记设备的序列号；

2）网络设备开箱后应进行通电检查，查看设备状态指示灯是否正常、设备启动是否正常；

3）计算机系统、网管工作站、UPS电源、服务器、数据存储设备、路由器、防火墙、交换机等产品按现行国家标准 GB 50339《智能建筑工程质量验收规范》中 3.2 的规定。

3. 信息网络系统的设备安装应符合下列规定：

1）机柜内安装的设备应有通风散热措施，内部接插件与设备连接应牢固；

2）承重要求大于 $600kg/m^2$ 的设备应单独制作设备基座，不应直接安装在抗静电地板上；

3）跳线连接、线缆排列应规范有序，线缆上应有正确牢固的标签；

4）设备安装机柜应张贴设备系统连线示意图。

4. 软件系统的安装应符合下列规定：

1）应按设计文件为设备安装相应的软件系统，系统安装应完整；

2）应提供正版软件技术手册；

3）服务器不应安装与本系统无关的软件；

4）操作系统、防病毒软件应设置为自动更新方式；

5）软件系统安装后应能正常启动、运行和退出；

6）在网络安全检验后，服务器方可以在安全系统的保护下与互联网相联，并应对操作系统、防病毒软件升级及更新相应的补丁程序。

5. 信息网络系统调试准备应符合下列规定：

1）已完成硬件、软件的安装与连接工作，并检查设备通电等工作应正常；

2）系统调试前应准备好进行信息网络系统调试的有关数据、攻击性软件样本等准备工作；

3）按照配置计划、使用说明书进行应用软件参数配置，检测软件功能并应作记录；

4）应测试软件的可靠性、安全性、可恢复性及自检功能等内容，并应作记录。

6. 网络设备、服务器、软件系统参数配置完成后，应检查系统的联通状况、安全测试，并应符合下列规定：

1）操作系统、防病毒软件、防火墙软件等软件应设置为自动下载并安装更新的运行方式；

2）对网络路由、网段划分、网络地址应明确填写，应为测试用户配置适当权限；

3）对应用软件系统的配置、实现功能、运行状况应明确填写，并应为测试用户配置适当权限；

4）在施工过程中，应每天对系统软件进行备份，备份文件应保存在独立的存储设备上。

172

5.2.2 质量要点

1. 特别是当大型的服务器等设备承重要求大于 $600kg/m^2$ 时，应单独制作设备基座，不应直接安装在抗静电地板上；必要时还需要考虑楼板的承重，并在设计单位的指导下，加强楼板的承重能力。

2. 为了便于对设备来源进行确认和维修方便，对有序列号的设备必须登记设备序列号。

3. 应避免服务器在没有安全系统的保护下与互联网相联，以避免在联网时受到攻击。在操作系统、防病毒软件采购的版本与安装的时间间隔中，这些软件可能发布补丁程序，应及时下载与更新补丁程序。

4. 信息网络系统调试应符合下列规定：

1) 应在网络管理工作站安装网络管理系统软件，并应配置最高管理权限；

2) 应根据网络规划和配置方案划分各个网段与路由，对网络设备应进行配置并联通；

3) 应每天检查系统运行状态、运行效率和运行日志，并应修改错误；

4) 各在网设备的地址应符合规范和配置方案，不宜由网管软件直接自动搜寻并建立地址；

5) 各智能化子系统宜分配独立网段，应依据网络规划和配置方案进行检查，并应符合设计要求。

5. 应用软件系统测试时应符合下列规定，并记录测试结果：

1) 应进行功能性测试；

2) 应进行性能测试；

3) 应进行文档测试；

4）应进行可靠性测试；

5）应进行互联性测试；

6）软件修改后，应进行一致性测试。

6. 系统层安全应满足以下要求：

1）操作系统应选用经过实践检验的具有一定安全强度的操作系统；

2）使用安全性较高的文件系统；

3）严格管理操作系统的用户账号，要求用户必须使用满足安全要求的口令；

4）服务器应只提供必需的服务，其他无关的服务应关闭，对可能存在漏洞的服务或操作系统，应更换或者升级相应的补丁程序，扫描服务器，无漏洞者为合格；

5）认真设置并正确利用审计系统，对一些非法的侵入尝试必须有记录，模拟非法侵入尝试，审计日志中有正确记录者判为合格。

7. 信息网络系统在安装、调试完成后，应进行不少于 1 个月的试运行，有关系统自检和试运行应符合现行国家标准 GB 50339《智能建筑工程质量验收规范》的有关规定。

5.2.3 质量验收

1. 主控项目

1）计算机网络系统的检验应符合现行国家标准 GB 50339《智能建筑工程质量验收规范》的有关规定。

2）联通性检测应符合以下要求：

① 根据网络设备的联通图，网管工作站应能够和任何一台网络设备通信；

② 各子网（虚拟专网）内用户之间的通信功能检测，根据网络配置方案要求，保证网络节点符合设计规定的通讯

协议和适用标准。

3）对计算机网络进行路由检测，采用相关测试命令进行测试或根据设计要求使用网络测试仪测试网络路由设置的正确性。

4）软件产品质量检查应采用系统的实际数据和实际应用案例进行测试。

5）如果与因特网连接，智能建筑网络安全系统必须安装防火墙和防病毒系统。

6）网络安全的安全性检测应符合以下要求：

①防攻击：信息网络应能抵御来自防火墙以外的网络攻击，使用流行的攻击手段进行模拟攻击，不能攻破判为合格；

②因特网访问控制：信息网络应根据需求控制内部终端机的因特网连接请求和内容，使用终端机用不同身份访问因特网的不同资源，符合设计要求判为合格；

③信息网络与控制网络的安全隔离：保证做到未经授权，从信息网络不能进入控制网络，符合此要求者判为合格；

④防病毒系统的有效性：将含有当前已知流行病毒的文件（病毒样本）通过文件传输、邮件附件、网上邻居等方式向各点传播，各点的防病毒软件应能正确地检测到含病毒文件，并执行杀毒操作，符合本要求者判为合格。

7）应用层安全应符合下列要求：

①身份认证：用户口令应该加密传输，或者禁止在网络上传输，严格管理用户账号，要求用户必须使用满足安全要求的口令；

②访问控制：必须在身份认证的基础上根据用户及资

源对象实施访问控制，用户能正确访问其获得授权的对象资源，同时不能访问未获得授权的资源，符合此要求者判为合格。

2. 一般项目

1）计算机网络的容错功能和网络管理等功能应符合现行国家标准 GB 50339《智能建筑工程质量验收规范》有关规定实施检测，并应认真填写记录。

2）应检验软件系统的操作界面，操作命令不得有二义性。

3）应检验网络安全管理制度、机房的环境条件、防泄露与保密措施。

4）容错功能的检测方法应采用人为设置网络故障，检测系统正确判断故障及故障排除后系统自动恢复的功能，切换时间应符合设计要求。检测内容应包括以下两个方面：

① 对具备容错能力的网络系统，应具有错误恢复和故障隔离功能，主要部件应冗余设置，并在出现故障时可自动切换；

② 对有链路冗余配置的网络系统，当其中的某条链路断开或有故障发生时，整个系统仍应保持正常工作，并在故障恢复后应能自动切换回主系统运行。

5）网络管理功能检测应符合下列要求：

① 网管系统应能够搜索到整个网络系统的拓扑结构图和网络设备连接图；

② 网络系统应具备诊断功能，当某台网络设备或线路发生故障后，网管系统应能够及时报警和定位故障点；

③ 应能够对网络设备进行远程配置和网络性能检测，提供网络节点的流量，广播率和错误率等参数。

5.2.4 安全与环保措施

1. 安全措施应符合下列规定：

1）施工前及施工期间应进行安全交底；

2）施工现场用电应按现行行业标准 JGJ 46《施工现场临时用电安全技术规范》的有关规定执行；

3）采用光功率计测量光缆，不应用肉眼直接观测；

4）登高作业，脚手架和梯子应安全可靠，梯子应有防滑措施，不得两人同梯作业；

5）遇有大风或强雷雨天气，不得进行户外高空安装作业；

6）进入施工现场，应戴安全帽；高空作业时，应系好安全带；

7）施工现场应注意防火，并应配备有效的消防器材；

8）在安装、清洁有源设备前，应先将设备断电，不得用液体、潮湿的布料清洗或擦拭带电设备；

9）设备应放置稳固，并应防止水或湿气进入有源硬件设备机壳；

10）确认工作电压同有源设备额定电压一致；

11）硬件设备工作时不得打开外壳；

12）在更换插线板时宜使用防静电手套；

13）应避免踩踏和拉拽电源线。

2. 软件安全措施应符合下列规定：

1）服务器和工作站上应安装防病毒软件，应使其始终处于启用状态；

2）操作系统、数据库、应用软件的用户密码应符合下列规定：

① 密码长度不应少于 8 位；

② 密码宜为大写字母、小写字母、数字、标点符号的组合；

③ 多台服务器与工作站之间或多个软件之间不得使用完全相同的用户名和密码组合；

④ 应定期对服务器和工作站进行病毒查杀和恶意软件查杀操作。

3. 环保措施应符合下列规定：

1）现场垃圾和废料应堆放在指定地点，及时清运或回收，不得随意抛撒；

2）现场施工机具噪声应采取相应措施，最大限度降低噪声；

3）应采取措施控制施工过程中的粉尘污染；

4）应节约用料、降低消耗，提高节能意识；

5）应选用节能型照明灯具，降低照明电耗，提高照明质量；

6）应对施工用电动工具及时维护、检修、保养及更新置换，并及时清除系统故障，降低能耗。

5.3 会议系统

5.3.1 施工要点

1. 信息网络系统工程实施前应具备下列条件：

1）检查会场装修，房间表面各部分装修材料应与装修设计一致，并应符合会议系统设计建声混响时间和本底噪声要求，室内不应出现回声、颤动回声、声聚焦等声学缺陷；

2）控制室设备安装之前应完成装修和保洁，天线、地线应安装并引入室内接线端子上，进出线槽应预留。电源、接地、照明、插座以及温/湿度等环境要求，应按设计文件的规定准备就绪，且应验收合格；各种线缆所需的预埋暗管、地槽预埋件完毕，孔洞等数量、位置、尺寸均应按设计要求施工验收合格。

2. 设备的供电、接地、管路敷设符合下列规定：

1) 会议系统应设置专用分路配电盘，每路容量应根据实际情况确定，并应预留一定余量；

2) 控制室内所有设备的金属外壳、金属管道、金属线槽、建筑物金属结构等应进行等电位连接并接地；

3) 信号线与强电线管应采用金属管分开敷设。

3. 会议发言系统的安装应符合下列规定：

1) 采用串联方式的专业有线会议系统，传声器之间的连接线缆应端接牢固；

2) 采用传声器直联扩声设备组成的系统，传声器传输线应选用专用屏蔽线；

3) 采用移动式传声器应做好线缆防护，并应防止线缆损伤；

4) 采用无线传声器传输距离较远时，应加装机外接收天线，安装在桌面时宜装备固定座托。

4. 扬声器系统的安装应符合下列规定：

1) 扬声器系统固定应安全可靠，安装高度和安装角度应符合声场设计的要求；

2) 扬声器系统暗装时，暗装空间尺寸应足够大（并做吸声处理），保证扬声器在内部能进行辐射角调整；扬声器面罩透声性应符合要求，如面罩用格栅结构时，其材料尺寸（宽度和深度）不宜大于20mm；

3) 用于火灾隐患区的扬声器应由阻燃材料制成或采用

阻燃后罩，广播扬声器在短期喷淋的条件下应能正常工作。

5. 音频设备的安装应符合下列规定：

1）设备安装顺序应与信号流程一致；

2）机柜安装顺序应上轻下重，无线传声器接收机等设备应安装于机柜上部；功率放大器等较重设备应安装于机柜下部，并应由导轨支撑；

3）控制室预留的电源箱内，应设有防电磁脉冲的措施，应配备带滤波的稳压电源装置，供电容量应满足系统设备全部开通时的容量；若系统具有火灾应急广播功能时，应按一级负荷供电；双电源末端应互投，并应配置不间断电源；

4）机柜应采用螺栓固定在基础型钢上，安装后应对垂直度进行检查、调整，控制台应与基础固定牢固、摆放整齐；

5）时序电源应按照开机顺序依次连接，安装位置应兼顾所有设备电源线的长度。

6. 视频设备的安装应符合下列规定：

1）显示器屏幕安装时应避免反射光、眩光等现象；墙壁、地板宜使用不易反光材料；

2）传输电缆距离超过选用端口支持的标准长度时，应使用信号放大设备、线路补偿设备，或选用光缆传输；

3）显示设备宜使用电源滤波插座单独供电；

4）显示器应安装牢固，固定设备的墙体、支架承重应符合设计要求；应选择合适的安装支撑架、吊架及固定件，螺钉、螺栓应紧固到位。

5.3.2 质量要点

1. 视频会议系统应包括视频会议多点控制单元、会议终端、接入网关、音频扩声及视频显示等部分；

2. 传声器布置宜避开扬声器的主辐射区，并应达到声场均匀、自然清晰、声源感觉良好等要求；

3. 摄像机的布置应使被摄人物收入视角范围之内，宜从多个方位摄取画面，并应能获得会场全景或局部特写镜头；

4. 监视器或大屏幕显示器的布置，宜使与会者处在较好的视距和视角范围之内；

5. 会场视频信号的采集区照明条件应满足下列规定：

1）光源色温 3200K；

2）主席台区域的平均照度宜为 500～800lx，一般区域的平均照度宜为 500lx，投影电视屏幕区域的平均照度宜小于 80lx。

5.3.3 质量验收

1. 主控项目

1）会议扩声系统声学特性指标。

2）会议视频显示系统的检测应包括下列内容：

① 显示屏亮度；

② 图像对比度；

③ 亮度均匀性；

④ 图像水平清晰度；

⑤ 色域覆盖率；

⑥ 水平视角、垂直视角。

3）具有会议电视功能的会议灯光系统的平均照度值。

4）与火灾自动报警系统的联动功能。

5）视频会议应具有较高的语言清晰度和合适的混响时间；当会场容积在 200m³ 以下时，混响时间宜为 0.4～0.6s；当视频会议室还作为其他功能使用时，混响时间不宜大于 0.6s；当会场容积在 500m³ 以上时，应按现行国家标准 GB/T 50356《剧场、电影院和多用途厅堂建筑声学设计规范》的有关规定执行。

2. 一般项目

1）会议电视系统检测应符合下列规定；

① 性能评价的检测宜包括声音延时、声像同步、会议电视回声、图像清晰度和图像连续性；

② 会议灯光系统的检测宜包括照度、色温、显色指数。

2）会议同声传译系统的检测按现行国家标准 GB 50524《红外线同声传译系统工程技术规范》的有关规定执行；

3）应检查接地电阻，如不符合设计要求不得通电调试，技术人员应熟悉控制逻辑，并准备好调试记录表；

4）各类设备标注的使用电源电压应与使用场地的电源电压相符合；

5）应检查设备连线的线缆规格与型号，线缆连接应正确，不应有松动和虚焊现象；

6）在通电以前，各设备的开关、旋钮应置于初始位置。

5.3.4 安全与环保措施

参照"5.2 信息网络系统"。

5.4 广播系统

5.4.1 施工要点

1. 广播系统工程实施前应具备下列条件：

1）规格、型号、数量应符合设计要求，产品应有合格证及国家强制产品认证"CCC"标志；

2）有源部件均应通电检查，并应确认其实际功能与技术指标相符；

    3）硬件设备及材料应重点检查安全性、可靠性及电磁兼容性等项目。

    2. 广播扬声器的安装固定应安全可靠。安装扬声器的路杆、桁架、墙体、棚顶和紧固件应具有足够的承载能力。

    3. 广播扬声器与广播线路之间的接头应接触良好，不同电位的接头应分别绝缘，宜采用压接套管和压接工具连接。

    4. 除广播扬声器外，其他设备宜安装在监控室（或机房）内的控制台、机柜或机架之上；如无监控室（或机房），则控制台、机柜或机架应安装在安全和便于操控的位置上。

    5. 室外安装的广播扬声器应采取防潮、防雨和防霉措施，在有盐雾、硫化物等污染区安装时，应采取防腐蚀措施。

5.4.2　质量要点

    1. 广播系统设备与第三方联动系统设备接口应完成并符合设计要求。

    2. 设备通电前，检查所有供电电源变压器的输出电压，均应符合设备说明书的要求。

    3. 通电调试时，应先将所有设备的旋钮旋到最小位置，并应按由前级到后级的次序，逐级通电开机。

    4. 所有音源的输入均应调节到适当的大小，并应对各个广播分区进行音质试听，根据检查结果进行初步调试。

    5. 广播扬声器安装完毕后，应逐个对广播分区进行检测和试听。

    6. 系统调试持续加电时间不应少于 24h。

    7. 接线端子编号应齐全、正确。

8. 绝缘电阻测定应符合下列规定：

1）应测量线与线、线与地的绝缘电阻；

2）应对每一回路的电阻进行分回路测量；

3）广播线线间绝缘电阻不应小于 $1M\Omega$。

9. 接地电阻测量应符合下列规定：

1）广播功率放大器、避雷器等工频接地电阻不应大于 4Ω；

2）共用接地系统接地电阻不应大于 1Ω。

5.4.3 质量验收

1. 主控项目

1）扬声器、控制器、插线板等设备安装应牢固可靠，导线连接应排列整齐，线号应正确清晰；

2）系统的输入、输出不平衡度，音频线的敷设，接地形式及安装质量均应符合设计要求；

3）放声系统应分布合理，并应符合设计要求；

4）最高输出电平、输出信噪比、声压级和频宽的技术指标应符合设计要求；

5）当广播系统具有紧急广播功能时，其紧急广播应由消防分机控制，并应具有最高优先权；在火灾和突发事故发生时，应能强制切换为紧急广播并以最大音量播出。系统应能在手动或警报信号触发的 10s 内，向相关广播区播放警示信号（含警笛）、警报语声文件或实时指挥语声，以现场环境噪声为基准，紧急广播的信噪比不应小于 15dB；

6）广播系统应按设计要求分区控制，分区的划分应与消防分区划分一致。

2. 一般项目

1）同一室内的吸顶扬声器应排列均匀。扬声器箱、控制器、插座等标高应一致、平整、牢固；扬声器周围不应有破口现象，装饰罩不应有损伤且应平整。

2）各设备导线连接应正确、牢固可靠；箱内电缆（线）应排列整齐，线路编号应正确清晰；线路较多时应绑扎成束，并应在箱（盒）内留有适当空间。

5.4.4 安全与环保措施

参照"5.2 信息网络系统"。

5.5 安全防范系统

5.5.1 施工要点

1. 矩阵切换控制器、数字矩阵、网络交换机、摄像机、控制器、报警探头、存储设备、显示设备等设备应有强制性产品认证证书和"CCC"标志，或入网许可证、合格证、检测报告等文件资料。产品名称、型号、规格应与检验报告一致。

2. 进口设备应有国家商检部门的有关检验证明。一切随机的原始资料，自制设备的设计计算资料、图纸、测试记录、验收鉴定结论等应全部清点、整理归档。

3. 摄像机、云台和解码器的安装除应执行现行国家标准 GB 50348《安全防范工程技术规范》的有关规定外，尚应符合下列规定：

1）摄像机及镜头安装前应通电检测，工作应正常；

2）确定摄像机的安装位置时应考虑设备自身安全，其视角不应被遮挡；

3）架空线入云台时，滴水弯的弯度不应小于电（光）缆的最小弯曲半径；

4）安装室外摄像机、解码器应采取防雨、防腐、防雷措施。

4. 光端机、编码器和设备箱的安装应符合下列规定：

1）光端机或编码器应安装在摄像机附近的设备箱内，设备箱应具有防尘、防水、防盗功能；

2）视频编码器安装前应与前端摄像机连接测试，图像传输与数据通信正常后方可安装；

3）设备箱内设备排列应整齐，走线应按标志和线路图。

5. 入侵报警系统设备的安装除应执行现行国家标准 GB 50348《安全防范工程技术规范》的有关规定外，尚应符合下列规定：

1）探测器应安装牢固，探测范围内应无障碍物；

2）磁控开关宜装在门或窗内，安装应牢固、整齐、美观；

3）振动探测器安装位置应远离电机、水泵和水箱等振动源；

4）玻璃破碎探测器安装位置应靠近保护目标；

5）紧急按钮安装位置应隐蔽、便于操作、安装牢固；

6）红外对射探测器安装时接收端应避开太阳直射光，避开其他大功率灯光直射，应顺光方向安装。

6. 出入口控制系统设备的安装应符合下列规定：

1）识读设备的安装位置应避免强电磁辐射源、潮湿、有腐蚀性等恶劣环境；

2）控制器、读卡器不应与大电流设备共用电源插座；

3）控制器宜安装在弱电间等便于维护的地点；

4）控制器与读卡器间的距离不宜大于 50m；

5）配套锁具安装应牢固，启闭应灵活；

6）红外光电装置应安装牢固，收、发装置应相互对准，并应避免太阳光直射；

7）信号灯控制系统安装时，警报灯与检测器的距离不应大于15m；

8）使用人脸、眼纹、指纹、掌纹等生物识别技术进行识读的出入口控制系统设备的安装应符合产品技术说明书的要求。

7. 停车库（场）管理系统安装应符合下列规定：

1）感应线圈埋设位置应居中，与读卡器、闸门机的中心间距宜为0.9～1.2m；

2）挡车器应安装牢固、平整；安装在室外时，应采取防水、防撞、防砸措施；

3）车位状况信号指示器应安装在车道出入口的明显位置，安装高度应为2.0～2.4m，室外安装时应采取防水、防撞措施。

5.5.2 质量要点

1. 检查探测器的探测范围、灵敏度、误报警、漏报警、报警状态后的恢复、防拆保护等功能与指标，检查结果应符合设计要求。

2. 检查报警联动功能，电子地图显示功能及从报警到显示、录像的系统反应时间，检查结果应符合设计要求。

3. 视频安防系统调试除应执行现行国家标准GB 50348《安全防范工程技术规范》的有关规定外，尚还应符合下列规定：

1）检查摄像机与镜头的配合、控制和功能部件，应保证工作正常，且不应有明显逆光现象；

2）图像显示画面上应叠加摄像机位置、时间、日期等字符，字符应清晰、明显；

3）电梯桥厢内摄像机图像画面应叠加楼层等标志，电梯乘员图像应清晰；

4）当本系统与其他系统进行集成时，应检查系统与集成系统的联网接口及该系统的集中管理和集成控制能力；

5）安全防范综合管理系统的文字处理、动态报警信息处理、图表和图像处理、系统操作应在同一套计算机系统上完成。

4. 出入口控制系统调试除应执行现行国家标准 GB 50348《安全防范工程技术规范》的有关规定外，尚应符合下列规定：

1）每一次有效进入，系统应储存进入人员的相关信息，对非有效进入及胁迫进入应有异地报警功能；

2）检查系统的响应时间及事件记录功能，检查结果应符合设计要求；

3）系统与考勤、计费及目标引导（车库）等一卡通联合设置时，系统的安全管理应符合设计要求；

4）调试出入口控制系统与报警、电子巡查等系统间的联动或集成功能；调试出入口控制系统与火灾自动报警系统间的联动功能，联动和集成功能应符合设计要求；

5）检查系统与智能化集成系统的联网接口，接口应符合设计要求。

5. 访客（可视）对讲系统调试除应执行现行国家标准 GB 50348《安全防范工程技术规范》的有关规定外，尚应符合下列规定：

1）可视对讲系统的图像质量应符合现行行业标准 GA/T 296《黑白可视对讲系统》的相关要求，声音清楚、声级应不低于 80dB；

2）系统双向对讲、遥控开锁、密码开锁功能和备用电池应符合现行行业标准 GA/T 72《楼寓对讲电控安全门通用技术条件》的相关要求及设计要求。

6. 停车库（场）管理系统调试除应执行现行国家标准 GB 50348《安全防范工程技术规范》的有关规定外，尚还应符合下列要求：

1）感应线圈的位置和响应速度应符合设计要求；

2）系统对车辆进出的信号指示、计费、保安等功能应符合设计要求；

3）出入口车道上各设备应工作正常，IC 卡的读/写、显示、自动闸门机起落控制、出入口图像信息采集以及与收费主机的实时通信功能应符合设计要求；

4）收费管理系统的参数设置、IC 卡发售、挂失处理及数据收集、统计、汇总、报表打印等功能应符合设计要求。

7. 系统的联调、联动与功能集成应符合下列规定：

1）按系统设计要求和相关设备的技术说明书，对各子系统进行检查和调试，应工作正常；

2）模拟输入报警信号后，视频监控系统的联动功能应符合设计要求；

3）视频监控系统、出入口控制系统应与火灾自动报警系统联动，联动功能应符合设计要求。

5.5.3 质量验收

1. 主控项目

1）安全防范综合管理系统的功能检测应包括下列内容：

① 布防、撤防功能；

② 监控图像、报警信息以及其他信息记录的质量和保

存时间；

③ 安全技术防范系统中的各子系统之间的联动；

④ 与火灾自动报警系统和应急响应系统的联动、报警信号的输出接口；

⑤ 安全技术防范系统中的各子系统对中心控制命令的响应准确性和实时性。

2）视频安防监控系统的检测。

3）入侵报警系统的检测包括入侵报警功能、防破坏及故障报警功能、记录及显示功能、系统报警响应时间、报警声级、报警优先功能。

4）监控中心接地应做等电位连接，接地电阻应符合设计要求。

2. 一般项目

1）各设备、器件的端接应规范。

2）视频图像应无干扰纹。

3）防雷与接地工程施工应符合规范要求。

5.5.4 安全与环保措施

参照"5.2 信息网络系统"。

5.6 防雷接地系统

5.6.1 施工要点

1. 接地体安装除应执行现行国家标准 GB 50343《建筑物电子信息系统防雷技术规范》和 GB 50303《建筑电气工程施工质量验收规范》的有关规定外，尚应符合下列规定：

1）接地体垂直长度不应小于 2.5m，间距不宜小于 5m，埋深不宜小于 0.6m；

2）接地体距建筑物距离不应小于 1.5m。

2. 接地线的安装除应执行现行国家标准 GB 50343《建筑物电子信息系统防雷技术规范》和 GB 50303《建筑电气工程施工质量验收规范》的有关规定外，尚应符合下列规定：

1）利用建筑物结构主筋作接地线时，与基础内主筋焊接，根据主筋直径大小确定焊接根数，但不得少于 2 根；

2）引至接地端子的接地线应采用截面积不小于 4mm^2 的多股铜线。

3. 等电位连接安装除应执行现行国家标准 GB 50343《建筑物电子信息系统防雷技术规范》和 GB 50303《建筑电气工程施工质量验收规范》的有关规定外，尚应符合下列规定：

1）建筑物总等电位连接端子板接地线应从接地装置直接引入，各区域的总等电位连接装置应相互联通；

2）应在接地装置两处引连接导体与室内总等电位接地端子板相连接，接地装置与室内总等电位连接带的连接导体截面积，铜质接地线不应小于 50mm^2，钢质接地线不应小于 80mm^2；

3）等电位接地端子板之间应采用螺栓连接，铜质接地线的连接应焊接或压接，钢质地线连接应采用焊接；

4）每个电气设备的接地应用单独的接地线与接地干线相连；

5）不得利用蛇皮管、管道保温层的金属外皮或金属网及电缆金属护层作接地线；不得将桥架、金属线管作接地线。

4. 综合管线的防雷与接地除应执行现行国家标准 GB

50343《建筑物电子信息系统防雷技术规范》和 GB 50169《电气装置安装工程　接地装置施工及验收规范》、GB 50303《建筑电气工程施工质量验收规范》的有关规定外，尚应符合下列规定：

1）金属桥架与接地干线连接应不少于 2 处；

2）非镀锌桥架间连接板的两端跨接铜芯接地线，截面积不应小于 $4mm^2$；

3）镀锌钢管应以专用接地卡件跨接，跨接线应采用截面积不小于 $4mm^2$ 的铜芯软线，非镀锌钢管采用螺纹连接时，连接处的两端应焊接跨接地线；

4）铠装电缆的屏蔽层在入户处应与等电位端子排连接。

5. 安全防范系统的防雷与接地除应执行现行国家标准 GB 50343《建筑物电子信息系统防雷技术规范》和 GB 50348《安全防范工程技术规范》的有关规定外，尚应符合下列规定：

1）室外设备应有防雷保护接地，并应设置线路浪涌保护器；

2）室外的交流供电线路、控制信号线路应有金属屏蔽层并穿钢管埋地敷设，钢管两端应可靠接地；

3）室外摄像机应置于避雷针或其他接闪导体有效保护范围之内；

4）摄像机立杆接地及防雷接地电阻应小于 10Ω；

6. 安全防范系统的防雷与接地。

1）信号线路浪涌保护器安装，安防系统视频信号、控制信号浪涌保护器应分别安装在前端摄像机处和机房内。

2）浪涌保护器 SPD 输出端与被保护设备的端口相连，其他线路也应安装相应的浪涌保护器，保护机房设备不受雷电破坏。

3）室外独立安装的摄像机，通过增加避雷针的办法，让摄像机处于避雷针的保护范围内，用于防范直击雷。

4）立杆内的电源线和信号线必须穿在两端接地的金属管内，从而起到屏蔽的作用。

7．综合布线系统的防雷与接地除应执行现行国家标准GB 50343《建筑物电子信息系统防雷技术规范》的有关规定外，尚应符合下列规定：

1）进入建筑物的电缆，应在入口处安装浪涌保护器；

2）线缆进入建筑物，电缆和光缆的金属护套或金属件应在入口处就近与等电位端子板连接；

3）配线柜（架、箱）应采用绝缘铜导线与就近的等电位装置连接；

4）设备的金属外壳、机柜、金属管、槽、屏蔽线缆外层、设备防静电接地、安全保护接地、浪涌保护器接地端等均应与就近的等电位连接网络的接地端子连接。

5.6.2　质量要点

1．防雷及接地系统安装完毕，应测试接地电阻，接地电阻应符合设计及规范要求。

2．等电位连接安装完毕，应进行导通性测试。

3．建筑物等电位连接的接地网外露部分应连接可靠、规格正确、油漆完好、标志齐全明显。

4．接地装置检验应符合下列规定：

1）应检验接地装置的结构和安装位置；

2）应检验接地体的埋设间距、深度；

3）应检验接地装置的接地电阻。

5．应检查接地线的规格及其与等电位接地端子板的连接。

6. 应检查等电位接地端子板安装位置、材料规格和连接。

7. 应检查浪涌保护器的参数选择、安装位置及连接导线规格。

5.6.3 质量验收

1. 主控项目

1）采用建筑物共用接地装置时，接地电阻不应大于 1Ω；

2）采用单独接地装置时，接地电阻不应大于 4Ω；

3）接地装置的焊接应符合现行国家标准 GB 50303《建筑电气工程施工质量验收规范》的有关规定；

4）浪涌保护器的性能参数、安装位置、安装方式、连接导线规格和屏蔽设施的安装应符合设计要求。

2. 一般项目

1）接地装置应连接牢固、可靠；

2）钢制接地线的焊接连接应焊缝饱满，并应采取防腐措施；

3）室内明敷接地干线，沿建筑物墙壁水平敷设时，距地面高度宜为 30mm，与建筑物墙壁间的间距宜为 10～15mm；

4）接地线在穿越墙壁和楼板处应加金属套管，金属套管应与接地线连接；

5）等电位连接线、接地线的截面积应符合设计要求。

5.6.4 安全与环保措施

参照"5.2 信息网络系统"。

5.7 机房工程

5.7.1 施工要点

1. 机房的布置和分区应符合现行行业标准 JGJ 16《民用建筑电气设计规范（附条文说明［另册］）》第 23.2 节的要求。

2. 机房土建部分的施工完毕，地面应找平、清理干净。

3. 防雷与接地系统工程、综合布线系统工程、安全防范系统工程、空调系统工程、给排水系统工程、电磁屏蔽工程、消防系统工程的施工符合施工要求。

4. 防雷接地系统施工完毕后方可进行装饰工程。

5. 活动地板支撑架应安装牢固，并调平，活动地板的高度应根据电缆布线和空调送风要求确定，宜为 200～500mm。

6. 地板线缆出口应配合计算机实际位置进行定位，出口应有线缆保护措施。

7. 配电柜和配电箱安装支架的制作尺寸应与配电柜和配电箱的尺寸匹配，安装应牢固，并应可靠接地。

8. 灯具、开关和各种电气控制装置以及各种插座安装应符合下列规定：

1）灯具、开关和插座安装应牢固，位置准确，开关位置应与灯位相对应；

2）同一房间，同一平面高度的插座面板应水平；

3）灯具的支架、吊架、固定点位置的确定应符合牢固安全、整齐美观的原则；

4）灯具、配电箱安装完毕后，每条支路进行绝缘摇测，绝缘电阻应大于 1MΩ 并应做好记录；

5）机房地板应满足电池组符合的承重要求。

9. 不间断电源设备的安装应符合下列规定：

1）主机和电池柜应按设计要求和产品技术要求进行固定；

2）各类线缆的接线应牢固、正确，并应作标志；

3）不间断电源电池组应接直流接地。

10. 涉密网络机房的施工应符合国家有关涉及国家机密的信息系统分级保护技术要求的规定。

5.7.2 质量要点

1. 噪声的检验应符合下列规定：

1）测点应在主要操作员的位置上距地面 1.2～1.5m 布置；

2）机房应远离噪声源，当不能避免时，应采取消声和隔声措施；

3）机房内不宜设置高噪声的设备，当必须设置时，应采取有效的隔声措施，机房内噪声值宜为 35～40dBA。

2. 供配电系统的检验应符合下列规定：

1）应在配电柜（盘）的输出端测量电压、频率和波形畸变率；

2）供电电源的电能质量应符合现行行业标准 JGJ 16《民用建筑电气设计规范（附条文说明［另册]）》第 3.4 节的规定。

3. 照度的检验应符合下列规定：

1）测点应按 2～4m 间距布置，并应距墙面 1m、距地面 0.8m；

2）机房的照度应符合现行国家标准 GB 50034《建筑照

明设计标准》的有关规定。

4. 电磁屏蔽的检验应符合下列规定：

1）在频率为 0.15～1000MHz 时，无线电干扰场强不应大于 126dB。

2）磁场干扰场强不应大于 800A/m。

5. 机房工程的接地应符合现行行业标准 JGJ 16《民用建筑电气设计规范（附条文说明［另册])》第 23.4 条的规定。

5.7.3 质量验收

1. 主控项目

1）电气装置应安装牢固、整齐、标志明确、内外清洁；

2）机房内的地面、活动地板的防静电施工应符合现行行业标准 JGJ 16《民用建筑电气设计规范（附条文说明［另册])》的有关规定；

3）电源线、信号线入口处的浪涌保护器安装位置正确、牢固；

4）接地线和等电位连接带连接正确，安装牢固，接地电阻测试值应符合设计或规范要求。

2. 一般项目

1）吊顶内电气装置应安装在便于维修处；

2）配电装置应有明显标志，并应注明容量、电压、频率等；

3）落地式电气装置的底座与楼地面应安装牢固；

4）电源线、信号线应分别铺设，并应排列整齐，捆扎固定，长度应留有余量；

5）成排安装的灯具应平直、整齐。

3. 综合布线系统的调试应执行现行国家标准 GB 50462

《数据中心基础设施施工及验收规范》的有关规定。

4. 安全防范系统的调试应执行现行国家标准 GB 50462《数据中心基础设施施工及验收规范》的有关规定。

5. 空调系统的调试应执行现行国家标准 GB 50462《数据中心基础设施施工及验收规范》的有关规定。

6. 消防系统的调试应执行现行国家标准 GB 50462《数据中心基础设施施工及验收规范》和 GB 50263《气体灭火系统施工及验收规范》的有关规定。

7. 机房内的空调环境应符合现行国家标准 GB 50339《智能建筑工程质量验收规范》的有关规定。

5.7.4 安全与环保措施

参照"5.2 信息网络系统"。

5.8 建筑设备监控系统

5.8.1 施工要点

1. 建筑设备监控系统控制室、弱电间及相关设备机房土建装修完毕。机房应提供可靠的电源和接地端子排。

2. 空调机组、新风机组、送排风机组、冷水机组、冷却塔、换热器、水泵、管道及阀门等应安装完毕。

3. 变配电设备、高低压配电柜、动力配电箱、照明配电箱等应安装完毕。

4. 给水、排水、消防水泵、管道及阀门、电梯及自动扶梯等应安装完毕。

5. 现场控制器/箱的安装应符合下列规定：

1）现场控制器/箱应安装牢固，不应倾斜，安装在轻质墙上时，应采取加固措施；

2) 现场控制器/箱的高度不大于 1m 时，宜采用壁挂安装，现场控制器箱的高度大于 1m 时，宜采用落地式安装，并应制作底座；

3) 现场控制器/箱侧面与墙或其他设备的净距离不应小于 0.8 m，正面操作距离不应小于 1m；

4) 现场控制器/箱接线应按照接线图和设备说明书进行，配线应整齐，不宜交叉，并应固定牢靠，端部均应标明编号；

5) 现场控制器/箱体门板内侧应贴箱内设备的接线图。

6. 室内、外温湿度传感器的安装应符合下列规定：

1) 室内温湿度传感器的安装位置宜距门、窗和出风口大于 2m；在同一区域内安装的室内温湿度传感器，距地高度应一致，高度差不应大于 10mm；

2) 室外温湿度传感器应有防风、防雨措施；

3) 室内、外温湿度传感器不应安装在阳光直射的地方，应远离有较强振动、电磁干扰、潮湿的区域。

7. 水管温度传感器的安装应符合下列规定：

1) 应与管道相互垂直安装，轴线应与管道轴线垂直相交；

2) 温段小于管道口径的 1/2 时，应安装在管道的侧面或底部。

8. 风管型压力传感器应安装在管道的上半部，并应在温湿度传感器测温点的上游管段。

9. 水管型压力与压差传感器应安装在温度传感器的管道位置的上游管段，取压段小于管道口径的 2/3 时，应安装在管道的侧面或底部。

10. 风压压差开关安装应符合下列规定：

1）安装完毕后应做密闭处理；

2）安装高度不宜小于 0.5m。

11. 水流开关应垂直安装在水平管段上。水流开关上标志的箭头方向应与水流方向一致，水流叶片的长度应大于管径的 1/2。

12. 水流量传感器的安装应符合下列规定：

1）水管流量传感器的安装位置距阀门、管道缩径、弯管距离不应小于 10 倍的管道内径；

2）水管流量传感器应安装在测压点上游并距测压点 3.5～5.5 倍管内径的位置；

3）水管流量传感器应安装在温度传感器测温点的上游，距温度传感器 6～8 倍管径的位置；

4）流量传感器信号的传输线宜采用屏蔽和带有绝缘护套的线缆，线缆的屏蔽层宜在现场控制器侧一点接地。

13. 室内空气质量传感器的安装应符合下列规定：

1）探测气体比重轻的空气质量传感器应安装在房间的上部，安装高度不宜小于 1.8m；

2）探测气体比重重的空气质量传感器应安装在房间的下部，安装高度不宜大于 1.2m。

14. 风管式空气质量传感器的安装应符合下列规定：

1）风管式空气质量传感器应安装在风管管道的水平直管段；

2）探测气体比重轻的空气质量传感器应安装在风管的上部；

3）探测气体比重重的空气质量传感器应安装在风管的下部。

15. 风阀执行器的安装应符合下列规定：

1）风阀执行器与风阀轴的连接应固定牢固；

2）风阀的机械机构开闭应灵活，且不应有松动或卡涩现象；

3）风阀执行器不能直接与风门挡板轴相连接时，可通过附件与挡板轴相连，但其附件装置应保证风阀执行器旋转角度的调整范围；

4）风阀执行器的输出力矩应与风阀所需的力矩相匹配，并应符合设计要求；

5）风阀执行器的开闭指示位应与风阀实际状况一致，风阀执行器宜面向便于观察的位置。

16. 电动水阀、电磁阀的安装应符合下列规定：

1）阀体上箭头的指向应与水流方向一致，并应垂直安装于水平管道上；

2）阀门执行机构应安装牢固、传动应灵活，且不应有松动或卡涩现象，阀门应处于便于操作的位置；

3）有阀位指示装置的阀门，其阀位指示装置应面向便于观察的位置。

5.8.2 质量要点

1. 现场控制器的调试应符合下列规定：

1）测量接地脚与全部 I/O 口接线端间的电阻应大于 $10k\Omega$；

2）应确认接地脚与全部 I/O 口接线端间无交流电压；

3）调试仪器与现场控制器应能正常通信，并应能通过总线查看其他现场控制器的各项参数；

4）应采用手动方式对全部数字量输入点进行测试，并应作记录；

5）应采用手动方式测试全部数字量输出点，受控设备应运行正常，并应作记录；

6）应确定模拟量输入、输出的类型、量程、设定值应符合设计要求和设备说明书的规定；

7）应按不同信号的要求，用手动方式测试全部模拟量输入，并应记录测试数值；

8）应采用手动方式测试全部模拟量输出，受控设备应运行正常，并应记录测试数值要点。

2. 冷热源系统的群控调试应符合下列规定：

1）自动控制模式下，系统设备的启动、停止和自动退出顺序应符合设计和工艺要求；

2）应能根据冷、热负荷的变化自动控制冷、热机组投入运行的数量；

3）模拟一台机组或水泵故障，系统应能自动启动备用机组或水泵投入运行；

4）应能根据冷却水回水温度变化自动控制冷却塔风机投入运行的数量及控制相关电动水阀的开关；

5）应能根据供/回水的压差变化自动调节旁通阀；

6）水流开关状态的显示应能判断水泵的运行状态；

7）应能自动累计设备启动次数、运行时间，并应自动定期提示检修设备；

8）建筑设备监控系统应与冷水机组控制装置通讯正常，冷水机组各种参数应能正常采集。

3. 空调机组的调试应符合下列规定：

1）检测温、湿度、风压等模拟量输入值，数值应准确，风压开关和防冻开关等数字量输入的状态应正常，并应作记录；

2）改变数字量输出参数，相关的风机、电动风阀、电动水阀等设备的开、关动作应正常，改变模拟量输出参数，相关的风阀、电动调节阀的动作应正常及其位置调节应跟随变化，并应作记录；

3）当过滤器压差超过设定值，压差开关应能报警；

4）模拟防冻开关送出报警信号，风机和新风阀应能自动关闭，并应作记录；

5）应能根据二氧化碳浓度的变化自动控制新风阀开度；

6）新风阀与风机和水阀应能自动联锁控制；

7）手动更改湿度设定值，系统应能自动控制加湿器的开关；

8）系统应能根据季节转换自动调整控制程序。

4. 送排风机的调试应符合下列规定：

1）机组应能按控制时间表自动控制风机启停；

2）应能根据一氧化碳、二氧化碳浓度及空气质量自动启停风机；

3）排烟风机由消防系统和建筑设备监控系统同时控制时，应能实现消防控制优先方式。

5. 给排水系统的调试应符合下列规定：

1）应对液位、压力等参数进行检测及水泵运行状态的监控和报警进行测试，并应作记录；

2）应能根据水箱水位自动启停水泵。

6. 变配电系统的调试应符合下列规定：

1）检查工作站读取的数据和现场测量的数据，应对电压、电流、有功（无功）功率、功率因数、电量等各项参数的图形显示功能进行验证；

2）检查工作站读取的数据，应对变压器、发电机组及配电箱/柜等报警信号进行验证。

7. 照明系统的调试应符合下列规定：

1）通过工作站控制照明回路，每个照明回路的开关和状态应正常，并应符合设计要求；

2）按时间表和室内外照度自动控制照明回路的开关，应符合设计要求。

8. 系统联调应符合下列规定：

1）检查控制中心服务器、工作站、打印机、网络控制器、通讯接口（包括与其他子系统）等设备之间的连接、传输线型号规格应正确无误；

2）通讯接口的通讯协议、数据传输格式、速率等应符合设计要求，并应能正常通讯；

3）建筑设备监控系统服务器、工作站管理软件及数据库应配置正常，软件功能应符合设计要求；

4）建筑设备监控系统监控性能和联动功能应符合设计要求。

5.8.3 质量验收

1. 主控项目

1）传感器的安装需进行焊接时，应符合现行国家标准GB 50236《现场设备、工业管道焊接工程施工规范》的有关规定；

2）传感器、执行器接线盒的引入口不宜朝上，当不可避免时，应采取密封措施；

3）传感器、执行器的安装应严格按照说明书的要求进行，接线应按照接线图和设备说明书进行，配线应整齐，不宜交叉，并应固定牢靠，端部均应标明编号；

4）水管型温度传感器、水管压力传感器、水流开关、水管流量计应安装在水流平稳的直管段，应避开水流流束死角，且不宜安装在管道焊缝处；

5）风管型温/湿度传感器、压力传感器、空气质量传感器应安装在风管的直管段且气流流束稳定的位置，应避开风管内通风死角；

6）仪表电缆电线的屏蔽层，应在控制室仪表盘柜侧接地，同一回路的屏蔽层应具有可靠的电气连续性，不应浮空或重复接地。

2. 一般项目

1）现场设备（如传感器、执行器、控制箱/柜）的安装质量应符合设计要求；

2）控制器/箱接线端子板的每个接线端子，接线不得超过两根；

3）传感器、执行器均不应被保温材料遮盖；

4）风管压力、温度、湿度、空气质量、空气速度等传感器和压差开关应在风管保温完成并经吹扫后安装；

5）传感器、执行器宜安装在光线充足、方便操作的位置；应避免安装在有振动、潮湿、易受机械损伤、有强电磁场干扰、高温的位置；

6）传感器、执行器安装过程中不应敲击、震动，安装应牢固、平整；安装传感器、执行器的各种构件间应连接牢固、受力均匀，并应作防锈处理；

7）水管型温度传感器、水管型压力传感器、蒸汽压力传感器、水流开关的安装宜与工艺管道安装同时进行；

8）水管型压力、压差、蒸汽压力传感器、水流开关、水管流量计等安装套管的开孔与焊接，应在工艺管道的防腐、衬里、吹扫和压力试验前进行；

9）风机盘管温控器与其他开关并列安装时，高度差应小于 1mm，在同一室内，其高度差应小于 5mm；

10）安装于室外的阀门及执行器应有防晒、防雨措施；

11）用电仪表的外壳、仪表箱和电缆槽、支架、底座等正常不带电的金属部分，均应做保护接地；

12）仪表及控制系统的信号回路接地、屏蔽接地应共用接地。

3. 系统联调应符合下列规定：

1）检查控制中心服务器、工作站、打印机、网络控制器、通讯接口（包括与其他子系统）等设备之间的连接、传输线型号规格应正确无误；

2）通讯接口的通讯协议、数据传输格式、速率等应符合设计要求，并应能正常通讯；

3）建筑设备监控系统服务器、工作站管理软件及数据库应配置正常，软件功能应符合设计要求；

4）建筑设备监控系统监控性能和联动功能应符合设计要求。

5.8.4 安全与环保措施

参照"5.2 信息网络系统"。

本册引用规范、标准目录

1. GB 50300—2013《建筑工程施工质量验收统一标准》
2. GB 50209—2010《建筑地面工程施工质量验收规范》
3. GB 50037—2013《建筑地面设计规范》
4. GB 50210—2001《建筑装饰装修工程质量验收规范》
5. GB 50212—2014《建筑防腐蚀工程施工规范》
6. GB 50206—2012《木结构工程施工质量验收规范》
7. GB 50325—2010《民用建筑工程室内环境污染控制规范（2013 版）》
8. GB 18580—2001《室内装饰装修材料　人造板及其制品甲醛释放限量》
9. GB 18581—2009《室内装饰装修材料　溶剂型木器涂料中有害物质限量》
11. GB 18582—2008《室内装饰装修材料　内墙涂料中有害物质限量》
12. GB 18583—2008《室内装饰装修材料　胶粘剂中有害物质限量》
13. GB 18585—2001《室内装饰装修材料　壁纸中有害物质限量》
14. GB 18587—2001《室内装饰装修材料　地毯、地毯衬垫及地毯胶粘剂有害物质释放限量》
15. GB 50222—1995《建筑内部装修设计防火规范》

16. GB 50016—2014《建筑设计防火规范》

17. GB 175—2007《通用硅酸盐水泥》

18. GB 50116—2013《火灾自动报警系统设计规范》

19. GB/T 2015—2005《白色硅酸盐水泥》

20. GB/T 18601—2009《天然花岗石建筑板材》

21. GB 6566—2010《建筑材料放射性核素限量》

22. GB/T 9966.1—2001《天然饰面石材试验方法　第1部分：干燥、水饱和、冻融循环后压缩强度试验方法》

23. JC/T 479—2013《建筑生石灰》

24. GB/T 20240—2006《竹地板》

25. GB 5749—2006《生活饮用水卫生标准》

26. JGJ/T 29—2015《建筑涂饰工程施工及验收规程》；

27. GB 50242—2002《建筑给水排水及采暖工程施工质量验收规范》

28. JGJ 130—2011《建筑施工扣件式钢管脚手架安全技术规范》

29. GB 16838—2005《消防电子产品　环境试验方法和严酷等级》

30. GB 50303—2015《建筑电气工程施工质量验收规范》

31. GB 50261—2005《自动喷水灭火系统施工及验收规范》

32. GB 50974—2014《消防给水及消火栓系统技术规范》

33. GB 50166—2007《火灾自动报警系统施工及验收规范》

34. GB 50738—2011《通风与空调工程施工规范》

35. GB 50243—2016《通风与空调工程施工质量验收规范》

36. GB 50339—2013《智能建筑工程质量验收规范》

37. GB/T 50312—2016《综合布线系统工程验收规范》

38. GB 50314—2015《智能建筑设计标准》

39. JGJ 33—2012《建筑机械使用安全技术规程》

40. JGJ 46—2005《施工现场临时用电安全技术规范》

41. GB/T 19766—2005《天然大理石建筑板材》

42. GB/T 50356—2005《剧场、电影院和多用途厅堂建筑声学技术规范》

43. GB 50524—2010《红外线同声传译系统工程技术规范》

44. GB 50348—2004《安全防范工程技术规范》

45. GA/T 296—2001《黑白可视对讲系统》

46. GA/T 72—2013《楼寓对讲电控安全门通用技术条件》

47. GB 50343—2012《建筑物电子信息系统防雷技术规范》

48. GB 50169—2016《电气装置安装工程 接地装置施工及验收规范》

49. JGJ 16—2008《民用建筑电气设计规范（附条文说明［另册]）》

50. GB 50034—2013《建筑照明设计标准》

51. GB 50462—2015《数据中心基础设施施工及验收规范》

52. GB 50263—2007《气体灭火系统施工及验收规范》

53. GB 50236—2011《现场设备、工业管道焊接工程施

工规范》

54．GB 50150—2016《电气装置安装工程　电气设备交接试验标准》

55．GB/T 14294—2008《组合式空调机组》

56．GB/T 12220—2015《工业阀门　标志》

57．GB/T 14383—2008《锻制承插焊和螺纹管件》

58．GB/T 3287—2011《可锻铸铁管路连接件》

59．GB/T 12459—2005《钢制对焊无缝管件》

60．GB/T 13404—2008《管法兰用非金属聚四氟乙烯包覆垫片》

61．GB 50235—2010《工业金属管道工程施工规范》

62．GB 5135.11—2006《自动喷水灭火系统　第 11 部分：沟槽式管接件》

63．GB 50141—2008《给水排水构筑物工程施工及验收规范》

64．GB/T 8163—2008《输送流体用无缝钢管》

65．GB/T 3091—2015《低压流体输送用焊接钢管》

66．CJ/T 156—2001《沟槽式管接头》

67．GB/T 1348—2009《球墨铸铁件》

68．GB/T 196—2003《普通螺纹　基本尺寸》

69．GB/T 197—2003《普通螺纹　公差》

70．GB/T 1414—2013《普通螺纹　管路系列》